茶道入门

识茶篇

（修订本）

蔡荣章 著

中 华 书 局

图书在版编目(CIP)数据

茶道入门.识茶篇/蔡荣章著.—修订本.—北京:中华书局,2022.7

ISBN 978-7-101-15794-9

Ⅰ.茶…　Ⅱ.蔡…　Ⅲ.茶文化-基本知识　Ⅳ.TS971.21

中国版本图书馆 CIP 数据核字(2022)第 111462 号

书　　名	茶道入门——识茶篇(修订本)
著　　者	蔡荣章
责任编辑	林玉萍
责任印制	管　斌
出版发行	中华书局 (北京市丰台区太平桥西里 38 号　100073) http://www.zhbc.com.cn E-mail:zhbc@zhbc.com.cn
印　　刷	三河市中晟雅豪印务有限公司
版　　次	2022 年 7 月第 1 版 2022 年 7 月第 1 次印刷
规　　格	开本/880×1230 毫米　1/32 印张 8⅝　插页 2　字数 150 千字
印　　数	1-8000 册
国际书号	ISBN 978-7-101-15794-9
定　　价	69.00 元

目录

第二章　识茶与品茗

第三章　影响“识茶”正确性的因素

第四章　识茶的途径

第五章　茶叶分类名称的形成

第六章　茶叶产品名称之由来

第七章　大类别的认识与小类别的欣赏

第八章　茶“商品标示”的方式

修订版序

看懂了茶，我们才知道要不要以这个价格买这款茶；看懂了茶，我们才知道要不要泡这款茶来喝；看懂了茶，我们才知道要不要进这一款茶来卖；看懂了茶，我们才知道应该怎么对鲜叶进行加工才算是一款好茶。

第一要看懂的是“这是什么茶”，是绿茶、乌龙茶、红茶，还是普洱茶，或进一步探究是黄茶、白茶、渥堆茶、陈化茶、焙火的熟火乌龙还是未经焙火的清香型茶叶。这是茶叶大的类别，也是喝茶、泡茶首先要辨别清楚的方向。有人说只要认识一种茶就够喝的了，不是这样的，漫长的岁月中哪能视其他茶类于不顾。

第二要看懂的是“茶干”的品质，没有一定品质之上的茶叶是不值得泡来喝的，因为不但没有“品茗”的意义，喝了对身体也没有什么益处，如果是合格的茶叶就可以进一步了解它的品质等第了，这关乎生活的品位，还关系到自己体质的适应性。“品质等第”从茶叶外观的色泽、老嫩，揉捻、焙火的程度，以及它散发出来的气息是可以知道的。

以紫砂杯盛成品茶时，杯口的直径皆为5cm

以平面拍茶样时，常有一圆形白色纸片作为茶叶尺寸的对照，此纸片的直径为5cm

第三要看懂的是茶汤，也就是好不好喝，但这个与该茶的品质不是那么容易判断，所以要学习识茶，否则会因为“不识货”而错估了一款茶的身价。我们曾经泡了两桶茶放在车站广场让经过的人饮用，并请他们填写一张问卷，结果优良品质的那一桶茶并没有得到绝对的支持，但是交给一批懂茶的人饮用，

以盖碗盛浸泡之茶叶时，盖碗底部内径为5cm，汤面直径约7.5cm，水位深度约4.5cm

品质好坏却是绝对的分明，喜好度也只有少数的例外。从“茶汤”看品质是依赖口鼻对“香、味”的识别能力，从“茶干”看品质是依赖眼睛对“色、形”的理解能力。

第四要看懂的是这泡茶泡好了没有。这泡茶是用什么水泡的，是用什么材质的壶具泡的，使用了怎样的茶水比例（也就是置茶量），使用了怎样的水温，浸泡了多长时间，倒茶的时候有没有把茶汤倒干，直接持壶倒茶入杯时有没有把每一杯的浓度倒得平均，泡茶者对茶叶的理解度如何，泡茶者的泡茶能力如何，这些因素都会影响茶汤的品质。要懂得这壶茶的品质，必须这些因素都忠实于该壶茶叶“原本品质”的呈现，不是可以把它泡得更好喝，也不是把它的品质拉了下来，否则喝它的人就必须在心中自行调整，例如置茶量放得太多，浸泡时间又没有缩短，我们知道该泡茶汤是会太浓的，所以对它的品质要在口腔内加以浓度的修正。

第五要看懂的是不受外界的影响。别人说好喝，就加了一分；别人说这是某个单位比赛的冠军茶，就加了两分；别人说这是三十年的老茶，就加了三分；别人说这茶很有茶气，喝进肚子里会带动某条经络的运转，就加了四分。没错，这些都是影响品质高下的因素，但如果自己对茶有足够的认识，就不会依赖别人的说法来判断。

本书依照上述思路，从各种不同的角度了解茶叶的类型、了解茶叶的品质，但是没有强调不同族群、不同个性对各种茶类的喜好度，作者希望喝茶的人对各种类别的茶叶无好恶之心，多多设法接触它们，找出它们制作得到位的品项，然后自己泡好它、享用它。

2022年2月10日于漳州科技职业学院茶文化研究所

自　序

“识茶”就是认识茶，是与“制茶”“泡茶”相对应的名称。识茶除了用眼识，还要用口尝、用鼻嗅、用触感。而这些对茶的认识除了用于市场上的买卖之外，重要的还在于享用，所以“识茶”尚包括了“评茶”“赏茶”的内容在里面。由中华书局出版的《茶道入门》，其第一阶段就以制茶、识茶、泡茶三书为主。第一本虽命名为《茶道入门三篇——制茶、识茶、泡茶》，但以“制茶”为重心，第二本名为《茶道入门——泡茶篇》，第三本名为《茶道入门——识茶篇》，都是进入“茶道”领域的基础资料。从第一本书起，我们就强调，当我们在谈论“制茶”“识茶”“泡茶”时，是以“茶道”为立足的蓝图的，所以才在每本书名前冠以“茶道入门”。

《识茶篇》这书是要大家在看了某批茶之后，就能深知该茶的种种，包括它的类型与质量，接下来的“喝”只是印证而已。这有如“相人”的本领，初看先了解是男是女，是婴儿、幼童、青少年、壮年还是老年，进一步再从肌肉、肤色了解他的健康状况，再从他的面貌了解他的人缘，再从他的举止、言谈了解他的性格与命运……即使不从事相命的工作，每一个人在待人处事一段时间后也会多少具备一些这方面的经验。从“识人”回过头来看“识茶”，识茶的经验比识人不易获得，所以有一本书比较方便。

识茶要包括世界上的各种茶，包括各种不同的类型与质量，否则在相互比较时会有误区。而且不能仅就接触到的茶样个别叙述，应从“茶”产生的原理与途径了解起，然后以大家常见的“成品茶”作例子，如此才能让大家对茶有个全面性的认识。

本书还将“识茶”的终极目标放在“茶汤”上面，因为我们是以“茶道”为主体的基点。将目标放在茶汤时，就牵涉到了从“成品茶”到“茶汤”的表现手法，这会增加“识茶”上的复杂性。但如果省略掉这个层面，“茶”只是一项物质而已，我们享用的是“茶汤”，我们欣赏的是“茶汤”，我们从“茶道”获取的思想、美感大部分是透过“茶汤”而来，所以我们要以“茶汤”作为“茶”这项媒体的终极表现形态。油画颜料不是艺术，以它完成的绘画才是作品，钢琴不是音乐，以它演奏出来的作品才是艺术。从“成品茶”到“茶汤”要透过“泡茶”的手法，这虽然已是属于《泡茶篇》的领域，但在“识茶”时，我们必须理解泡茶手法会将“茶”塑造成什么风格、怎样质量的作品。这有如我们在“识人”时，应留意到此人所受的学校与家庭教育，以及目前他所处环境给他的影响。

“识茶”的谈论方式以及对“识茶”的态度都是作者从事三十年茶叶、茶具商品买卖与茶道体认、茶道教学上的心得，其中一定有许多错误或不成熟的地方，敬请各界多加指正。

蔡荣章

2008年6月29日于台北陆羽茶艺中心

第一章
识茶的意义

一、识茶包含哪些内涵

二、识茶目的之一：制造好茶

三、识茶目的之二：增强品茗能力

四、识茶是“茶道”艺术性的核心

一、识茶包含哪些内涵

识茶就是认识茶，包含了下列的内涵：

1. 理解“茶”字的含义

茶是利用茶树（Camellia sinensis, tea plant）的叶子制造而成的一种“饮品原料”。为什么称为饮品“原料”呢？因为利用新鲜茶叶（即所谓之鲜叶），经“制茶”的多种手段，将其制成“成品茶”后，虽然已将“树叶”变成了食物的干货，但这样的“茶”还无法直接食用（虽然有人拿来放在嘴里咀嚼，但毕竟只是极少数的现象），还需经过“浸泡”或粉状的“调制”后，使其成为液态的“茶汤”，才能为人们所享用。（有人将鲜叶炸来吃，或将制作后的干茶变成烹饪上的原料或调味料，但这只是茶叶使用上的小插曲而已。）

所以我们说到“茶”时，事实上包含了广义与狭义的解释，广义的茶包含了“茶树”“鲜叶”“成品干茶”“茶粉”与“茶汤”，其中的“成品干茶”与“茶粉”可以简称为“成品茶”。至于狭义的茶仅包含“成品茶”与“茶汤”。我们在市面上所称的“茶”或“茶叶”（如：“我们到茶行买茶。”“请帮我带些茶叶回来。”）都是指狭义的“成品茶”（图1.1.1a）；我们在社交场合上所称的“茶”（如：“请到我家来喝茶。”“奉茶是制造和谐社会的有效途径。”）指的则是“茶汤”（图1.1.1b）。另外在“成品茶”上还可以衍生出“商品茶”（图1.1.1c）来，那是成品茶在市场行销时的商品性名称（图表1）。

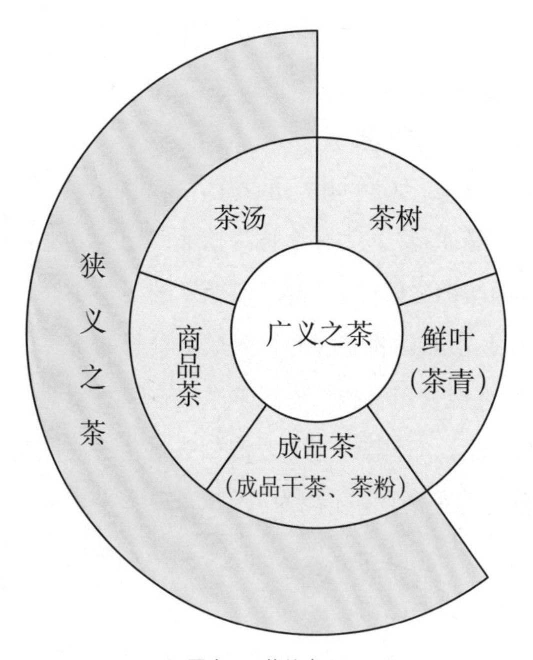

图表1：茶的含义

1.1.1a 成品茶

1.1.1b 茶汤

1.1.1c 商品茶

2. 认识茶的种类

“识茶”除了理解“茶”字的含义之外，还要认识“茶”有多少种类，这个茶的种类依旧是包含了制作之前与制作之后的茶。制作之前的茶是要理解茶树的品种、茶树的生长环境、茶树的栽培情形、鲜叶（也叫茶青）的采摘状况等，这些“原料条件”的差异就是形成“成品茶”种类区分的一部分原因。

制作之后的“茶”是要理解“成品茶”在风味与对人体与市场功效上的差异，这些差异造就了成品茶不同的种类。这项不同包括了制作过程中发酵、揉捻、焙火等程度的差异，这些差异形成了市面上所谓的绿茶、乌龙茶、红茶、普洱茶等“茶的类别”。如果再加上产地的区别（如高山茶、平地茶、闽北乌龙、闽南乌龙）、制作单位的不同（如天福茗茶、立顿红茶），以及商品行销识别上所需（如陈年老茶、明前龙井），就形成非常繁复的“商品茶”种类与名称（图表2）。

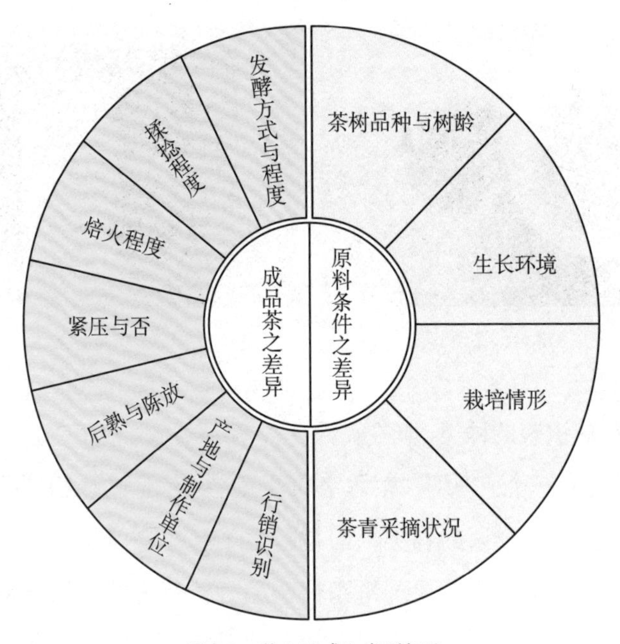

图表2：茶之形成之类型部分

3. 认识茶的品级

识茶除了认识茶的种类，还要认识它们的等级，只有种类与等级这两项兼顾，才能完整地看清楚一件产品。茶的品级识别也是要就广义的茶而言，制作前的茶就已经有了品级的问题，不论是茶树品种、生长环境或是栽培方法；制作后更是有品级的问题，因为制作的方法与技术的差异产生了“成品茶”的质量差异。至于“茶汤”，更因为泡茶的因素与技术，让同样品级的成品茶又起了很大的茶汤品级差异（图表3）。

综合上面的叙述，识茶的意义包括了对“茶”字的广义与

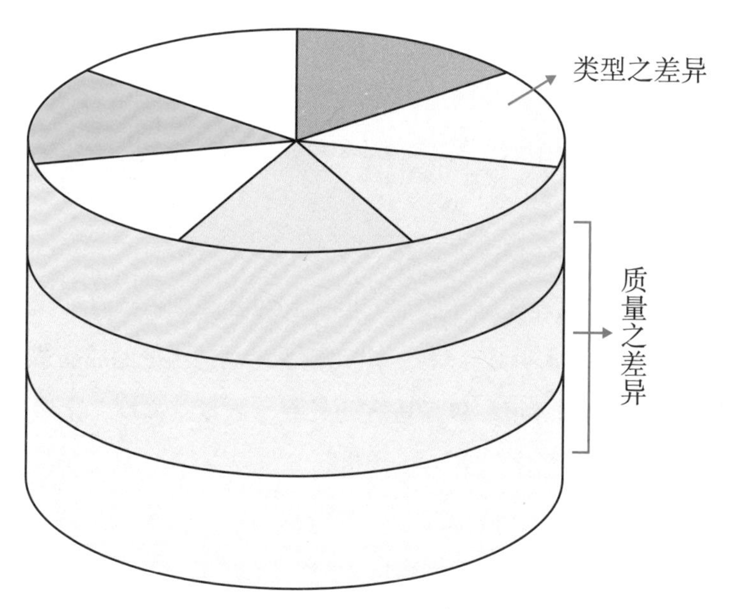

图表3：茶之形成之质量部分

狭义认识，对广义“茶”的种类认识，以及对广义“茶”的品级认识。

二、识茶目的之一：制造好茶

识茶的目的不只在于买到好茶、喝到好茶，更积极的意义在于能客观、正确地欣赏到茶，而且有能力可以制造好茶。现在就为何在懂得“识茶”之后，就较有能力制造好茶这点加以分析。

1. 就茶树品种而言

茶树品种有好坏之分，好的品种容易制成好茶，差的品种可就事倍功半了。茶树品种还有适制性的问题，我们要寻找出该品种最适宜制成的茶类（图1.2.1）。

2. 就茶树生长环境而言

优良的地理环境容易生长出优质的制茶原料，有了优质的制茶原料（即鲜叶或茶青），就比较容易制造出好的成品茶。所谓优良的地理环境，包括适宜的气温、雨量、高度、土壤，以及没有污染的雨水、空气与土质等。

3. 就茶树栽培方法而言

将茶树采取集约式栽培还是野放式栽培，将茶树采取控制

1.2.1 阿萨姆种最适宜采制成红茶

高度的修剪式管理还是任其自然发展，有没有人工灌溉设施，病虫害防治与施肥是采取农药和化肥还是有机耕种的方式……不同的栽培方法也会造成不同的茶青品质。

4. 就制作的方法与技术而言

所谓茶的“制作”，有人将之界定在茶青采下后到成品茶完成的这段时间，有人则向前推进到茶青的采收，向后延伸到成品茶的精制与加工。不论范围的大小，其采青的手段与执行技术的差异直接影响到结果的质量。所谓手段的差异，例如在采青时是利用机器采收还是人工采收，在干燥时是利用电热、瓦斯热还是炭火的热度……不同的手段加上技术的良窳，自然产生了质量的差异（图1.2.4）。

1.2.4 不同制作方法与技术，产生不同的成品茶

5. 就商品茶而言

茶的鲜叶制成成品茶后，其储存的方式，储存的方法，以及在市场流通的方式与时间，都会影响到饮用时的质量。储存的方式如采包装茶或散装的方式，如采低温储存、冷冻储存或常温储存的方式；储存的方法如温、湿度的控制，杂气的隔离；流通的方式如店面行销或流动行销、近距离行销或远距离行销。理解了这些商品茶所处的状况后较易掌握成品茶最终阶段的质量。

6. 就茶汤而言

茶汤是享用“茶”的最终阶段。什么样的茶汤才是高质量的表征，什么样的茶汤才是某个地区某个人群所喜欢的口感；进而追溯到泡茶方式与泡茶技术对茶汤的影响；最后还得理解是什么样的前因（包括前面提到的五项）造成茶汤这样的后果。

理解了上述这六项“识茶”的领域，我们才有办法制造好茶。这时的“制造”，我们应该将它作广义的解释，因为对消费者而言，当他喝了这杯“茶汤”后才算享用到了这件“作品”。

三、识茶目的之二：增强品茗能力

喝茶有许多不同的目的，一是为解渴而喝茶，二是为保健而喝茶，三是为应酬而喝茶，四是为买卖茶而喝茶，五是为制茶而喝茶，六是为品茗而喝茶。其中前三种的目的可能不那么在乎茶的详细内情，后三种可就有明显的意图与任务了，尤其是最后一种的“为品茗而喝茶”。为品茗而喝茶带有冷静、客观的意义，所以可以更清楚地体察出茶之前生与今世。

要能从茶汤中体察出茶的前生（商品茶之前的各种因子）与今世（开汤之时的冲泡），必须对“茶”的各个阶段都有足够的认识，如茶树品种、生长环境、栽培、制作、储存、行销与冲泡，然后才能从茶汤的色、香、味中寻得相关的因子。

1. 茶汤的颜色

茶汤的颜色可以分成色相、明度与彩度。

色相指颜色的种类，茶汤的颜色主要是绿与红间的变化，这与茶的发酵有关，发酵愈少，汤色愈偏绿；发酵愈多，汤色愈偏红，其间就有黄绿、金黄、橘红等非阶梯式的变化。

明度是指颜色的明暗程度，这与茶的焙火程度有关，没怎么焙火的茶，汤色显得明亮；焙过火后，因焙火程度的加重，汤色变得愈来愈深。

彩度是指颜色的饱和程度，这与茶汤内可溶物的多少有关，可溶物溶出愈多，茶汤的稠度就愈大，表现在汤色上就是彩度愈高；相反的，可溶物愈少，茶汤就愈变得水水的，汤色的彩度就愈低（图1.3.1a、1.3.1b）。

2. 茶汤的香气

茶汤的香气可分成香气的种类、香气的频率与香气的强弱。

香气的种类与茶的发酵与焙火直接相关（外来的香与味暂时不谈），没怎么发酵的茶，呈现的是“菜香”；轻发酵的茶，呈现的是“花香”；重发酵的茶，呈现的是“果香”；全发酵的茶，呈现的是“糖香”；后发酵的茶，呈现的是“木香”；焙过火的茶，会在前述香型的基础上，增加一股温暖感的“熟香”。

香气的频率是指香的风格是属于较清扬的还是属于较低沉的，这与茶的揉捻有关，轻揉捻的茶，其香气的风格较清扬，

1.3.1a 不同汤色述说着各家茶的故事

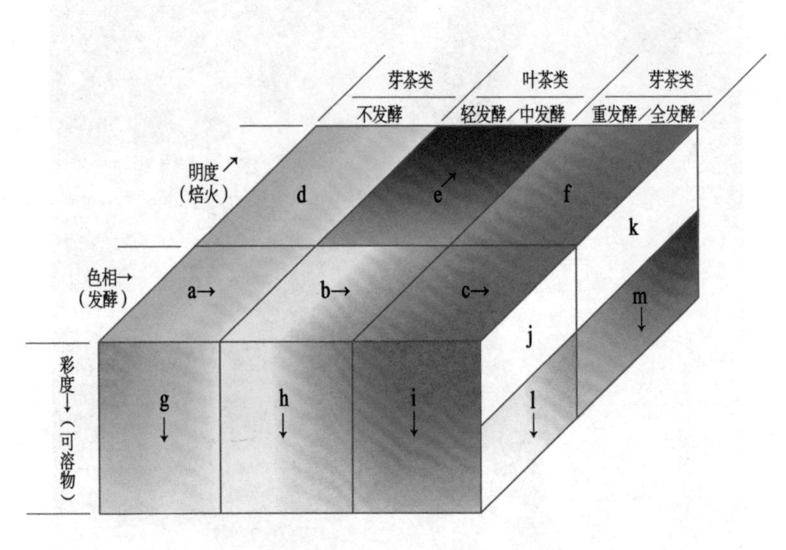

1.3.1b 茶汤色彩图

有如小提琴的声音；重揉捻的茶，其香气的风格较低沉，有如大提琴的声音。

香气的强弱是指香气的多寡，这与茶的质量有关，质量好的茶香气强，质量差的茶香气弱。而这质量好坏的因素又与该泡茶的身世有关，如茶树品种、生长环境、栽培方式、制作条件、包装与储存方法、冲泡方式与技术等（图1.3.2）。

3. 茶汤的滋味：

茶汤的滋味包括茶水可溶物的多寡、茶水可溶物的组配情

1.3.2 不同香气述说着各家茶的故事

形，以及其综合显现的特质。

茶水可溶物的多寡所表现出来的口感是为稠度，其组配的情形所表现出来的是味道的调和度。调和度高者就是各种味道调配得很恰当，入口后觉得很有立体感；若组配不佳，可能苦味太重了，可能涩感太强了，可能甘度太高了，都无法令人满意。

这些成分的组配加上香气的各种因素，一定会形成一种风味上的特质，如我们说绿茶有如秧苗、包种茶有如草坪、铁观

音有如森林、白毫乌龙有如玫瑰、红茶有如秋枫……（图1.3.3、图表4）

1.3.3 不同滋味述说着各家茶的故事

四、识茶是“茶道”艺术性的核心

“茶道”这门学科包含了“艺术”与“道德”两部分，艺术是茶道所显现的美感与艺术性，道德是茶道所显现的个人修为与社会和谐。茶道之用以表现艺术的载体有茶汤、泡茶过程、

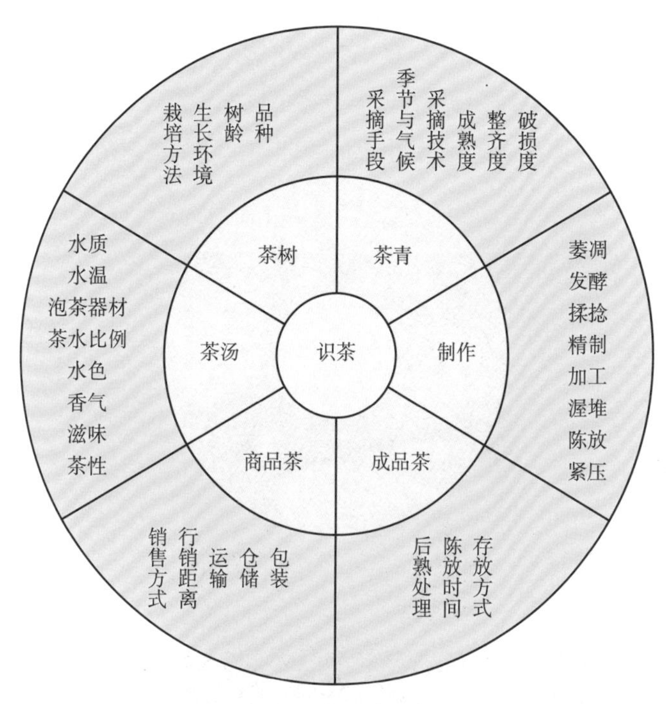

图表4：识茶途径一览表

奉茶、品饮、茶食、茶具、品茗环境等，但最直接的是茶汤。要从茶汤中体会到艺术性，必须先“识茶”，如此才能从茶汤的色、香、味中体悟到主人想要表达的境界。这时突然说起了“泡茶的主人”，前面一直在叙述的都是“茶”，为什么呢？因为我们已经从“材料”的茶，进入以茶为载体所表现的“艺术”，这时一定加入了主人的意识，透过他的“泡茶”，将主人所要述说的美感与境界传递给我们。

绘画有绘画的语言，音乐有音乐的语言，舞蹈有舞蹈的语言，我们必须理解这些语言，才容易欣赏这些艺术，茶道的语言在茶（广义的茶），所以我们必须识茶（图1.4、图表5）。

1.4 “茶”才是茶道的核心

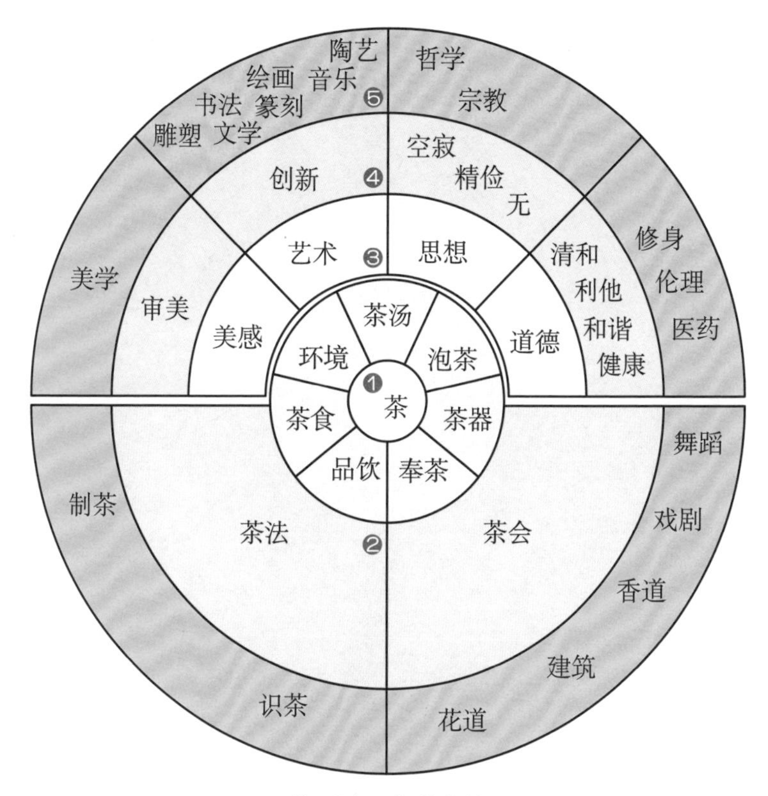

第1圈：茶道载体

第2圈：茶道平台

第3圈：茶道内涵

第4圈：茶道特质

第5圈：茶道素养

图表5：茶道内涵图

第二章
识茶与品茗

一、识茶与品茗的差异

二、从不同角度，翻来覆去地诠释一种茶

三、尊重茶的个性

一、识茶与品茗的差异

识茶是认识茶，品茗是欣赏茶。识茶的意义与内容在前一章已有详细说明，主要目的在看清楚茶，包括在变成茶汤之前的干茶，以及将它泡成茶汤的种种因素。品茗是欣赏茶、享用茶，比较不在乎茶的身世，但如果理解了它的身世，对欣赏与享用是有帮助的。品茗还包含着“客观”与“无好恶”的意义，是就“这一杯茶”“这一泡茶”而欣赏、而享用的。

让我们再从另外一个角度来说明识茶与品茗的不同。

1.“审评泡茶法”用以了解茶的品质特性

在茶的产品或是商品的质量检定时，都会使用审评杯、审评碗等一套审评器具（图2.1.1a），然后在一定的茶水比例、一定的水温、一定的浸泡时间之下将拟审定与拟比较的茶样冲泡出来。这样的泡茶方式一般称作“审评泡茶法”。相对于这种泡

2.1.1a 审评泡茶法的用具

茶法的就是“品饮泡茶法”。品饮泡茶法是将这泡茶泡得是当时最佳的状况为前提，所需的冲泡器、茶水比例、水温、时间都就该种茶、该泡茶的需要而定（图2.1.1b）。前面所说的那种审评泡茶法所用的器具也可以拿来作为品饮泡茶法使用，只是泡茶的方法可以随机应变而已。

2.“品饮泡茶法”用以将茶表现得最好

审评泡茶法的目的是要了解该种茶或一组茶在这样的冲泡器、水质、水温、茶水比例、浸泡时间下得出怎样的结果，如

2.1.1b 品饮泡茶法的用具

果A茶表现得不错，而B茶的茶汤稠度显得不足，那就表示B茶的水可溶物比A茶少。若A茶汤的调和度很好，但B茶显得偏苦，那我们就知道B茶是重苦味的茶……

换作“品饮泡茶法”，我们知道B茶的水可溶物较少，我们就可以加重置茶的比例，或增长浸泡时间。我们知道B茶的苦味偏重，在冲泡时就降低一点水温。

由此观之，审评泡茶法可以帮助我们了解这泡茶的品质特性，了解了这泡茶的品质特性，我们就更容易把它泡得好喝，再“制茶”时，更容易把茶做好。

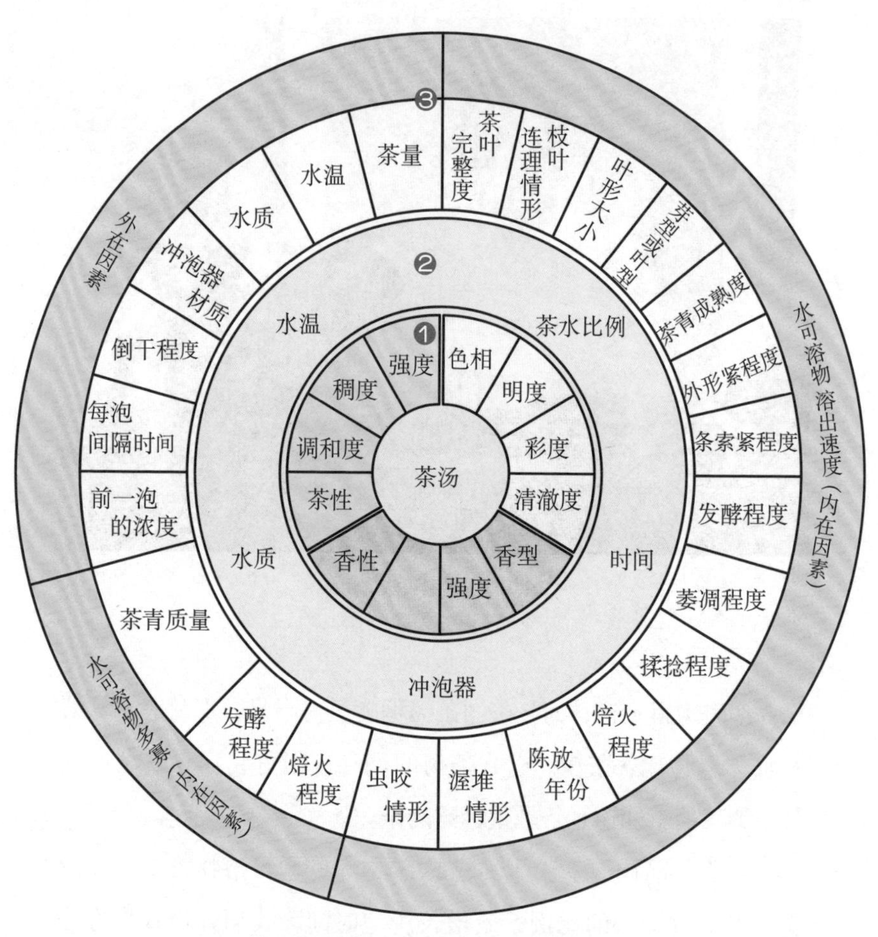

第1圈：茶汤色香味的内涵

第2圈：泡茶五要素

第3圈：影响茶叶浸泡时间的因素

图表6：茶叶冲泡与茶汤内涵图

3. 泡坏了还要知道原来的真面目

进一步说到泡茶与识茶，当不小心把茶泡坏了，是不是就无法认识该泡茶的真面目了呢？如果泡得太浓了，一喝就觉得苦涩难耐，或是泡得太苦了，或是泡得淡而无味，我们如何跨过这道“泡坏了”的障碍而得知该茶的本来面貌呢？我们必须懂得泡茶的方法，深入理解水温、水质、茶水比例、浸泡时间、冲泡器材质等对茶汤的影响（图表6），然后仔细观察该泡茶的冲泡过程，或是由别人的叙述，或是由当场做成的冲泡记录得知这样的茶汤是如何获致的。如此，我们就比较不会被蒙蔽而错估了该泡茶的本质。例如我们看到他使用一把约150 cc的茶壶放入约5g的完整外形的铁观音，虽以95℃的高温开水冲泡，但大约两分钟就将茶汤倒了出来，我们当然知道这泡茶汤一定偏淡，我们不会据此判断该泡茶的水可溶物太低。如果他以同一把壶泡凤凰单丛，茶叶放得约八分满，以一直滚开许久的高温热水冲泡，浸泡了两分钟后把茶汤一次倒入茶盅内，然后分倒小杯请客人饮用，我们应该老早就知道这是一杯又浓又苦的茶汤，我们当然不会因此而贬低该泡茶的质量。

二、从不同角度，翻来覆去地诠释一种茶

欣赏一件雕塑作品，要从四面八方观看；审视一座住宅，也要绕一圈仔细地瞧；认识“一泡茶”（不能说是一种茶，更不

能说是一类茶，甚至于还不能说是这批茶，只能说是正在冲泡的这泡茶），如果能从种植、采青、制作、冲泡、品饮与叶底等各个层面来分析，那就可以把这泡茶理解得很清楚，欣赏得很彻底。

现将“识茶”的六个层面之内容要项表列如下：

种植	采青	制作	冲泡	品饮	叶底
品种	采青方式	萎凋	冲泡器质地	汤温	颜色
树龄	成熟度	发酵	水质	香气	柔软度
地理环境	整齐度	杀青	水温	汤色	皱褶度
栽培方式	破损度	揉捻	茶量、水量之比	滋味	叶面完整度
施肥情形	季节	干燥	浸泡时间	风格	枝叶连理情形
病虫害防治法	气候	精制	冲泡次数		
	时辰	加工			
		储存			
		运输			
		茶况			

例如某一茶树品种，如大叶种阿萨姆，有其适制的茶类，应是红茶。我们采摘它的嫩叶做成的红茶就与拿小叶种的茶树嫩叶做出来的红茶有所不同，这不同不只在制作的方式与技术有所表现外，在冲泡时的水温、用量与冲泡次数不同时，也会产生不同质量的茶汤，这样的茶汤就形成了不同的品饮效果。

最后显现在冲泡后的叶底上，也都是这泡茶叶的一生经历。

上述的阿萨姆品种还受树龄、生长的地理环境、栽培的方式等的影响，因此所采的茶青制成的成品茶当然不一样。采青时又受到采摘方式、采摘成熟度、季节等的影响，制作时的“原料”质量就有了差异。随之还要经过制作、冲泡，才能为我们欣赏与享用；欣赏与享用的时候还受到饮用者对茶的认知，以及从茶汤体悟茶之质量、风味的能力所影响。有些人喝起茶来，感慨特多，可以滔滔不绝地述说着这泡茶的身世；有些人就只知道喝了茶，质量的好坏对他并不起什么作用，风格的差异也激不起他任何情感的涟漪。

三、尊重茶的个性

1. 不同茶有不同的个性

“茶”虽然都是茶树的叶子制作而成，而且自始至终可以都不加其他外来的原料（除非想制成调味茶或熏花茶）。然而由于茶树品种的不同，以及生长条件、茶青采摘方式、制作方法等的不同，成品茶有了相去甚远的风格上的差异。举例来说，如果不知道那是“茶”，喝到绿茶时几乎都会察觉到是植物叶子制成的饮料，但喝到红茶与渥堆普洱茶时，不一定有多少人会想到那是植物叶子制成的。这些差异可以大到如前所说的被误认为非同一家族的成员，也可以小到只是风味上的差异。如同样

2.3.1a 龙井茶喝来温文儒雅

2.3.1b 珠茶喝来阳刚强劲

是绿茶，龙井茶（图2.3.1a）喝起来温文儒雅，香味清淡；但珠茶（图2.3.1b）喝来就阳刚强劲，香味粗犷许多。即使同样一批茶，不同的冲泡方式也会产生不同的茶汤效果，如浸泡的水温高了，香味会显得比较强劲，浸泡的水温低了，香味会显得比较温和（同样的浓度之下做比较）。

2. 无好恶之心

喝茶的人对以上这些茶的“个性差异”必须有所理解，尤其是爱茶人，或所谓的“茶人”。茶就是因为有这么多的差异性，所以才会建构出那么广大的茶产系统，在这样的物质基础上又衍生出了丰富的精神文明。喝茶的人不能因喝到不熟悉的茶就简单地说：“我不喜欢”，这样就容易把自己局限在某种茶的领域里。所以“茶道入门”时，老师或先进们都会提醒新茶人：“无好恶之心。”

3. 就不同的质量欣赏它

有了“尊重茶的个性”的心理准备，才会进一步想知道是什么原因造成了茶的不同个性，而且更进一步地研究何种水温及泡法最适合某一种茶的风味。到了这时，您已经可以作为茶的朋友了。要成为茶的朋友，不只是要探知茶的不同个性，而且还要以平和的心情来欣赏、接纳与享用它。

茶还包含了质量上的好坏，不好的茶树品种、不好的生长环境、不良的采摘季节，以及不良的制作技术、不良的储存条件、不良的冲泡方法等都会造成不良的茶叶质量。除冲泡方法是自己可以掌握的外，其他项目都是属于该泡茶的“先天”情况，我们只好以它的现况作为欣赏、接纳与享用的对象。这犹如交朋友一般，您的朋友中总有一些是比较没有学问或长得不是很漂亮的，您一定不会就“学问”与“长相”去嫌弃他们吧，您一定会就他们的其他特质或优点去欣赏他们，去与他们交往。

4. 每一道都要将它泡得最好

茶叶还有老少之分，这里要说的不是成品茶的储存年份，而是说“茶汤”的“老嫩”。一壶茶的前几泡茶汤称为“嫩”，后几泡称为“老”。假设这壶茶准备冲泡六道，那前三泡的茶汤应该都是表现这泡茶的最佳状况，后三泡可就不一样了，一定是一泡不如一泡。我们练习泡茶时，老师会要求将各泡茶的浓度泡得平均，这时的所谓浓度是指喝在嘴里茶汤打击口腔壁的强度。只要强度大约一致，我们就说泡得不错，但这不是说各泡茶汤的质量都一致，就质量而言，应该是一泡不如一泡的。然而我们泡茶的态度是：“每一道都要将茶泡得最好”，第一道要是该壶茶的最佳状况茶汤，第六道也要是该壶茶的最佳状况茶汤。

所以我们在说“尊重茶的个性”时，不只包括了不同种类或不同质量的茶，也包括了不同泡数的茶汤。

第三章
影响“识茶”正确性的因素

一、茶汤的浓度

二、泡茶的用水

三、泡茶的水温

四、泡茶的方法

五、冲泡器的质地

六、识茶者的健康状况

七、识茶者的饮食习惯

八、识茶者的专业能力

九、识茶者的官能鉴定能力

十、识茶者判断事物的客观性

一、茶汤的浓度

1. 何谓浓度

一般人对茶汤的“浓度”有两种不同的见解：一是就茶汤内“茶水可溶物”的多少而言，溶出得多，我们就说“浓”，溶出的少，我们就说“淡”；另外一个见解是就茶汤喝进嘴里的感受而言，感受得强烈，我们就说浓，否则我们就说淡。在上一节谈到一壶茶连续冲泡六道，每一道的茶汤浓度要力求一致，这时所说的浓度是指第二个见解而言。我们现在要加进去第一个见解，这样对茶汤的“浓度”理解才全面。

2. 浓度与稠度

“水可溶物的多寡”与“感受的强弱”有何不同呢？水可溶物的多寡是指融入茶汤中的茶成分总含量，这个总含量的多寡我们可以用“稠度”来表示。所谓稠度，就是茶汤在嘴里嚼之有物的感觉，稠度高的茶汤，喝来好像很有东西可吃的样子，如果稠度低，喝来的感觉是水水的。但稠度对于茶汤在口腔内的感受强弱度并没有一定的相关性。某杯茶汤的稠度不高，但只要其中“口感强”的成分多一些，如咖啡因与茶多酚多一些，它的感受强度就会提高，如此，前后两杯的茶汤常会被误认为同样的浓度，甚至于如果第二杯的强劲成分再多一些，反而会被误认为第二杯浓于第一杯。这种现象常发生于同一批茶的两壶不同水温的泡法，一壶水温恰当、浸泡到适当时间后的茶汤，喝在嘴里所感受到的浓度感可能与一壶水温较高、浸泡时间稍短的茶汤浓度感差不多，但这时的稠度是前者大于后者的。

3. 水可溶物与水不可溶物

前面谈到溶于茶汤中之茶叶成分时，为什么特别强调是“茶水可溶物”呢？因为成品茶中有些成分是不溶于水的，如维生素E、类胡萝卜素等脂溶性的成分，所以我们泡茶时从茶汤中所获得的只是“水可溶物”的部分，其他非水溶性的成分只有在“抹茶法”或“茶食品”中获得。

“识茶”分成从“成品茶”中认识与从“茶汤”中认识。成品茶的认识要求被认识的茶样要有足够表达的“代表性数量”，而且是足以代表该批茶质量的样品；茶汤的认识要求被识的茶汤要泡得足以代表该批茶的质量。

4. 茶样的代表性

一批成品茶的取样不要都从这批茶的上端抽取，因为一堆茶的最上方总是比较粗大的部分，所以应从各区位中抽取。取出后充分混合，再取出所需的代表性分量。如果这批茶是分成好几袋或好几箱，要从各箱各袋中取“初样”，混合后再取“代表样”。如果箱袋间取出的初样就已显现明显的差异，表示这批茶拼配不均，应要求重拼，或是从初样中分成数批相似的茶样，当成不同批次的成品茶来审视。

5. 茶汤的代表性

“茶汤”要怎样冲泡才足以代表该批成品茶的质量呢？首先要取得足以代表这批成品茶的茶样，方法如上所述，然后就是冲泡的方法。冲泡时不宜以量多水少的方式为之，浸泡的时间应该在3分钟或6分钟以上，水可溶物溶出速度快的茶使用3分钟以上，如碎形红茶、渥堆普洱等，水可溶物溶出速度慢的茶使用6分钟以上，如铁观音、白毫银针等。因为如果以茶多水少的方式冲泡，可能1分钟或50秒就达到了“适当的茶汤浓度”，但这时的“水可溶物组配”并不足以代表该壶茶样，只是溶解快的成分溶出，溶解慢的成分还来不及溶出。所以我们要求要有“最低的浸泡时间”，如上述所说的3分钟或6分钟。

6. 识茶用的“茶汤”与品饮用的“茶汤”

怎样才是“适当的茶汤浓度”呢？就是“最好代表该壶茶样的茶汤”。这可以从数杯不同浓度与泡法（如水温、茶水比例等）的茶汤中选出。这里要强调的是“最好代表该壶茶样的茶汤”，而不是“最好喝的茶汤”，因为现在我们谈的是“识茶”。实验的结果，是将茶样在适合它温度的热水中浸泡到“水可溶物”充分释出后所得到的“适当浓度”。这样的泡法其茶量为水量的1.5%，浸泡到10钟以后所得的茶汤。因为我们要检视成品茶内的综合性成分，所以要有足够的浸泡时间让水可溶物充分溶出，这个时间是10分钟以上；因为我们要有“适当的茶汤浓度”来检视成品茶的特性与质量，能达到此目的的茶水比例为1.5%。

7. 冲泡技术影响“识茶”

我们进一步探讨为什么要在“适当的茶汤浓度”下从事“识茶”？因为这种状况下比较容易识别，泡得太淡或太浓都有碍对该茶样特性与质量的判断。有人或许会提出反驳：成品茶就是成品茶，已经是制作完成的产品，不论特性或质量都已经确定，为什么会因为茶汤的关系而变得不易判定呢？诚如上面所说，如果我们“识茶”的对象是“成品茶”，当然不能受泡茶技术的影响。但是如果只就“茶汤”来评定该种茶样，确实容易有误判的时候。如喝到一杯泡得太淡的茶汤，容易误以为茶青老采或制作不良所造成；相反的，如喝到一杯泡得太浓而显得苦涩的茶汤，我们会误以为该茶样的苦涩味太重。所以从茶汤识茶时，必须知道这杯茶汤是在什么状况之下冲泡而成的，我们好自行调整评判的结果。

8.1.5%与2%的不同

另外在茶业界流通的一种冲泡“识茶用茶汤”的方法称为“审评泡茶法”，是使用一只容量为150 cc的冲泡杯（或称审评杯），配上一只200 cc的茶碗（或称审评碗），有时还加上一只审评碟。称3g的样品茶放入冲泡杯，冲满大约95℃的热水，4 ~ 7分钟以后将茶汤一次倒入茶碗内。先审视茶碗内的汤色，再闻冲泡杯内的茶香，再喝茶碗内的茶汤，最后将茶渣倒至审评碟内看叶底。这种审评泡茶法也是在设法获得“适当的茶汤浓度”，只是必须在冲泡之前先依茶况决定茶叶浸泡的时间（4 ~ 7分钟只是参考值）。这时茶量的g数是水量cc数的2%，若不控制时间，超过后会使茶汤变得太浓。前面那种“水可溶物充分释出”的泡茶法是使用茶水1.5%的比例，所以各种茶都可以用10分钟的时间浸泡，而且茶叶与茶汤不分离也没什么关系，因为可溶解的成分已充分溶出。

遇到已知茶汤泡得太浓或太淡的情形，品饮者，或说是识茶者就要调整自己的感官，推算出该杯茶汤应有的香气与滋味。若离适当的浓度太远，也可以重新冲泡，以利识茶或评茶的正确性。

二、泡茶的用水

1. 杂质、杂气、硬度、菌数

泡茶用水的质量直接影响到泡茶后茶汤的质量。泡茶用水的质量包括杂质、杂气、总固体溶量与生菌数。杂质是肉眼可见的异物，杂气是溶于水中的有味气体，总固体溶量是溶解于水中的矿物质总含量，生菌数是指水中细菌的总数。一般我们说水的浑浊是指杂质太多；说到水有消毒药味，可能是指自来水以氯气消毒后残留下来的气体，如果还有其他的气味，统称为杂气；至于大家常说的水质软与硬，则指水中总固体溶量，含量高者，如超过200ppm，我们就说有点硬，300ppm以上时我们就觉得不好喝了；生菌数多的水说明不卫生，一定是受到流经地方或容器的污染。

2. 标准泡茶用水

泡茶用水，不论是平常的品饮或是特为识茶而用来浸泡茶叶，都要使用一定干净度的水，这样的水，我们就称之为“标准泡茶用水”。标准泡茶用水当然不能有杂质，能用肉眼察觉时就不该使用。

杂气是含有异味的气体，这会直接影响到茶汤的香气，所以必须去除。简便的去除方法是购置一筒“活性炭”，让水从管中的细粒活性炭中经过，杂味就会被碳吸附。若吸不干净，则增加流经的空间或更换吸附能力较强的活性炭。

而水中的无味气体，也就是水中的空气是有益于泡茶的，它可以增强茶汤的“活性”与茶香的溶解度。然而这些无味有益与有味无益的气体在高温烧煮之下都会或多或少地挥发掉，所以自古茶界就提到泡茶用水不可烧老。唐朝陆羽所著的《茶经》中也有煮水三沸的说法，认为三沸的大滚之水（即所谓之腾波鼓浪）不利于煮茶。这些都是在说明水中的含氧（气）量会在高温沸腾的情况下降低。

有异味的杂气当然也可以用煮沸的方法来降低，例如有人将自来水煮一煮可以去除氯气的味道，但效果没有使用活性炭的好，而且也牺牲了我们需要的纯净空气。

3. 水的软硬度

标准泡茶用水的总固体溶量要低一点的好，低一点的就是俗称的软水，太高了就称为硬水。若以ppm（水量的百万分之一）为计算单位，总固体溶量在300ppm以上者，我们通常嫌它太硬；300ppm以下者就可以用作一般的饮用水，但是拿来泡茶的水我们会要求得软一些，最好能在100ppm以内。

有人说那为什么不干脆使用纯水？一方面纯水不容易获得，成本太高；另一方面纯水的口感并不好，而且其溶解茶成分的能力反而不如软水。

也有人质疑，水中的矿物质不正是人体所需的吗？多一点有什么不好？硬度太高的水，泡出来的茶汤会偏暗，而且茶香不显。至于短少的矿物质在其他食物中会很快补充过来的。这种现象不只是在泡茶，其他如酿酒、制作香水、泡咖啡等也都是需要软一点的水。

市面上销售的饮用水或矿泉水适不适合泡茶呢？那要看它的硬度，如果是够软，就可以拿来泡茶；不够软，就只能拿来饮用。

水质的软与硬可以从口腔感觉出来吗？可以的，我们不妨准备两杯总固体容量分别是100ppm与300ppm的常温水，软的那一杯喝在嘴里的感觉是水与口腔黏膜亲密地结合在一起；较硬的那一杯则不同，感觉到口腔壁是口腔壁，水是水，好像水自行聚集在一起，可以感受到水的硬度似的。这样的体验有了以后，再喝水时，或到各地去找泉水时，就可以凭味觉来判断它的软硬度了。

4. 水的软化

太硬的水，我们在家里如何将它软化呢？买套能滤掉矿物质的设备，如逆渗透滤水器（RO）（图3.2.4a），就可以降低硬度达到我们泡茶需要的程度。但如果水中还有杂气，还得另加一筒活性炭才行（图3.2.4b）。逆渗透的薄膜使用到后来会被塞住，设置时可装置“倒洗”的设施，以延长薄膜的寿命，但总是在一定时间后（如一年）必须更换一次滤芯。

3.2.4a 家庭用逆渗透滤水器滤芯

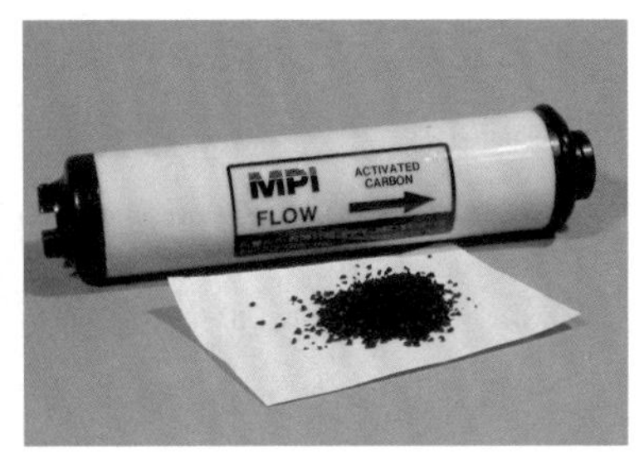

3.2.4b 活性炭滤水器滤芯

5. 水的处理

正常的都市自来水都会控制水中的细菌数量适合于健康的要求，若环境条件不允许，可将水煮开数分钟后再饮用或再拿来泡茶。若是高海拔地区，煮水器必须加压，使水能加热到100℃左右。但前面说过，水煮开久了，会降低水中的含气量，不利泡茶，但当水中的生菌数太多时还是先求卫生要紧。如果水的硬度太高，又没适当的过滤设备，将水煮一煮也可能会降低水的硬度。为什么说是“可能”呢？因为有些可溶性矿物质在加温后会变成水垢沉淀，这样的硬水称为暂时性硬水，可以用煮的方式降低硬度；但有些硬水的矿物质是无法以加热的方法令其沉淀的，这样的硬水称为永久性硬水。有些地区的地下水含有放射性物质，以加热的方法也可以将其挥发掉。前述的逆渗透过滤法也可以将细菌过滤掉，只要过滤后不再受污染。

不论是公共使用的自来水或是自行取用的山泉、地下水，只要硬度够低或是以人工的方法软化过，又是在无菌的状态下，泡茶时是可以不必烧开再使用的，需要多热的程度就加温到那个温度即可，这样就可避免将水烧老。

如果经过一连串的过滤、除菌、加温，担心水中的含气量已降低，怎么办？还可在水中加气，就如同在养鱼缸内打气一样。可以买一台臭氧（O_3）发生器，将臭氧打入水中。因为臭氧有分解杂气、化学药物、放射性物质与杀菌的作用，剩下的臭氧会变成氧（O_2）而停留水中，造成水中足够的含氧量。后面这段臭氧的处理过程，除非有需要，是可以省略的。

6. 天然泉水适宜泡茶喝

茶界的人特别钟爱泉水，能有好的泉水当然是一种福气，但是泉水也有好有坏的，什么是合乎泡茶用水的泉水呢？首先要无杂质、无杂气，接着要够软无菌，而且不能含有有害身体的元素。有些有害的元素是不容易检验出来的，所以最好使用已经长期被饮用者。有些泉水特别强调含有有益身体健康的特殊微量元素，果真如此，当然是很好的饮用水，但是不是适于泡茶，还要看其总固体溶解量，太硬时，仍然只适宜当水饮用。

三、泡茶的水温

1. “浸泡时”的水温（以及“饮用时”的汤温）

泡茶用水的温度对泡得的茶汤影响很大，同样一批茶，一壶以95℃的高温冲泡，一壶以75℃的低温冲泡，都设法让其泡出标准的浓度，结果这两杯茶喝起来的感受是很不一样的。高温的那一杯会比较阳刚、高频；低温的那一杯会比较温和、低频。这种现象会发生在各种茶上，其原因在于茶的水可溶物在不同的浸泡温度时，溶出的速度不一样，于是造成不同的“茶成分组配”。高温的那一壶组配可能是咖啡因与茶多酚的比重大于低温的那一壶，因此喝来有阳刚与温和之别。另一方面是物质在高温的环境下会产生较活泼的个性，这活泼的个性造就了频率的高低。频率高者有如敲击瓷器的声音，频率低者有如敲击陶器的声音，这也形成了阳刚与温和的效果。

2. 因“人”选用水温

上面说到浸泡温度之影响泡出的茶汤是全面性的，对任何一种茶都是同样的效果。但是各种茶有其不同的属性，有些茶性比较阳刚，有些茶性比较温和，如果遇上温和的茶，那低温就成了该种茶适当的浸泡温度。所以在学茶的过程中，会有一堂课专门教授泡茶的水温。进一步而言，如果是阳刚的茶使用了低温的浸泡水温，那它原本阳刚的风格会表现不出来，而变得温和了。如果您正需要这样的感觉，您就可以用这样的水温来冲泡那种原来应该高温浸泡的茶叶。所以我们在认识一种茶时，若是透过品饮茶汤的途径，一定要知道使用了怎样的泡茶水温。

3. 降温可降低苦味

刚才说过，高温的浸泡会使咖啡因、茶多酚的溶解速度加快，尤其在短时间内。它们在各种水可溶物的组配中一定显得强势，因此泡出的茶汤会显得阳刚且高频。仔细地分析，它的苦味是加重了，这是阳刚与高频的一项因子，如果有人不喜欢这种茶有那么重的苦味，就可以在泡茶时将水温降低，降个5℃，应该可以见出效果，如果还嫌不够，再降个5℃，一定可以将苦味的强度压制下来。这时茶汤对口腔的打击力度还是要维持在相当程度，而不是以降低浓度来达成的，所以冲泡时，当水温降低时，浸泡的时间是要增加的，如此才能弥补茶汤浓度的不足。

4. 需要高水温浸泡的茶况

在表现该种茶应有的风格的前提之下，下列几个茶况是需要使用比较高的水温来浸泡的：

(1) 茶青（即原料）的成熟度高者：叶茶类的茶青当然比芽茶类的茶青成熟（图3.3.4a、3.3.4b），但即使是叶茶类，顶芽初展就采的茶青要比顶芽全展后才采的要嫩得多（图3.3.4c、3.3.4d），初展时采“对口二叶”（图3.3.4e）也要比采到三四叶要嫩（图3.3.4f）。芽茶类的茶青亦是如此，只抽心芽的茶青最

3.3.4a 叶茶类的茶青

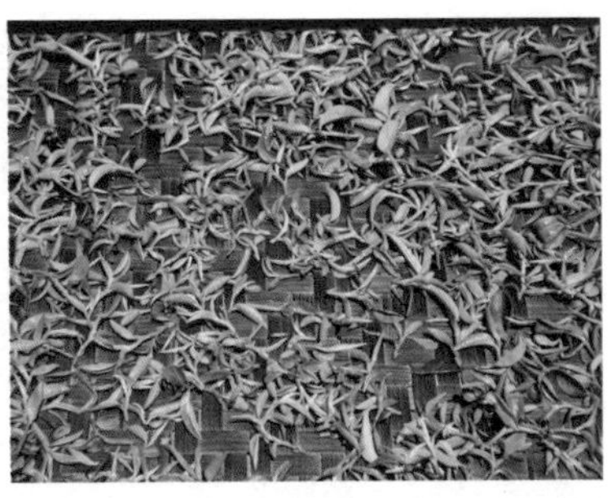

3.3.4b 芽茶类的茶青

3.3.4c 顶芽初展

3.3.4d 顶芽全展

3.3.4e 对口二叶的茶青

3.3.4f 对口三叶的茶青

3.3.4g 只抽心芽的茶青

3.3.4h“一心含两片未展叶”的茶青

嫩（图3.3.4g），一心含二片未展叶次之（图3.3.4h），一心一叶（图3.3.4i）、一心二叶（图3.3.4j）、一心三叶（图3.3.4k）……更是次之。

（2）发酵程度高者：不论是杀青之前的“发酵”还是杀青

3.3.4i 一心一叶的茶青

3.3.4j 一心二叶的茶青

3.3.4k 一心三叶的茶青

之后再产生的所谓“后发酵”，发酵程度高者（图3.3.4l）要比发酵程度低者（图3.3.4m）需要更高的浸泡水温。

（3）外形紧结者：就同一茶青成熟度与发酵程度而言，成品茶的外形紧结者，浸泡时需要更高的温度。球形茶（图3.3.4n）的紧结程度大于半球形（图3.3.4o），半球形的紧结程度

3.3.4l 发酵程度高者的成品茶叶底

3.3.4m 发酵程度低者的成品茶叶底

3.3.4n 球形茶的紧结程度

3.3.4o 半球形茶的紧结程度

3.3.4p 条形茶的紧结程度

3.3.4q 焙火程度高的茶叶底

3.3.4r 焙火程度低的茶叶底

大于条形（图3.3.4p）。

（4）焙火程度高者：成品茶利用烘焙使茶性变得温暖而有熟香，程度愈高（图3.3.4q、3.3.4r），需要的浸泡温度愈高。

（5）叶形完整度与厚度高者：在同一类型的茶叶上，叶形完整度高者比破碎程度高者在冲泡时需要较高的温度（图3.3.4s、3.3.4t）。叶片肥厚度高者比叶片单薄者在冲泡时亦同。

3.3.4s 叶形完整度高的茶

3.3.4t 叶形完整度低的茶

（6）昆虫叮咬严重者：不论是否是生产者的主动意志，采摘前被昆虫叮咬得厉害的茶（图3.3.4u、3.3.4v），其成品茶在冲泡时需要更高的温度。

3.3.4u 昆虫叮咬得厉害的叶底

3.3.4v 昆虫叮咬得不厉害的叶底

5. 因“茶”选用水温

综合以上的分析，我们将市面上常见的茶做一个分类，将之归纳在高、中、低三种冲泡时适当的水温之中：

类别	水温	适合冲泡的茶叶
高温	90℃～100℃	叶茶类的青茶、红茶、渥推普洱（未渥堆普洱依陈放年份归入下两栏）
中温	80℃～90℃	叶茶类的不发酵茶、重萎凋的白茶、芽茶类的青茶
低温	70℃～80℃	芽茶类的不发酵茶、黄茶

在上表的大分类里，每一类尚有10℃的上下空间，那就是要看该壶茶是这类茶中偏高温者还是偏低温者，如同样是叶茶类的青茶，当这泡茶的原料在叶茶类中是偏老的，或是虽然不老，但焙了火，已属熟火乌龙，那就使用接近100℃的高温；相反的，就使用接近90℃的高温。红茶亦是如此，都是嫩采芽尖的红茶，温度低一点，这样的茶如果是外形细小者，温度还可以更低。相反的，采较粗大的鲜叶制成，或虽是小叶种，但采的成熟度高一些，温度就可以使用得高一些；这样的茶经切碎成碎形茶者，可以不必那么高温。上表之中、低温段的微调都可依此道理推论之。

6. 因“茶”泡茶还是因“人”泡茶

知道了怎样的茶应用怎样的水温浸泡后，接下来就得抑制自己的好恶之心，以“识茶”的心情来冲泡这批茶样，以这类型的茶应有的质量特征来审视它。但若是换成“赏茶”的心情，就可以凭自己的经验，使用自己认为最恰当的水温与泡法，将该壶茶泡成您最喜欢的那个样子的茶汤。

7. 水温的判断

最后的一个问题是如何控制水温。开始时可以买支120℃的温度计，借重温度计的指示来判断不同水温的状况，逐渐地，可以直接依蒸汽外冒的情况来判断水温。一般说来，如果在海平面上50米左右的地方，当蒸汽猛烈地往上直冲时，应是95℃左右的水温（图3.3.7a）；若不是直线往上冲，而是有点左右晃动，应是85℃左右的水温（图3.3.7b）；若上冲的力道不强，而且有左右飘浮的感觉，那应是75℃左右的水温（图3.3.7c）。所

3.3.7a 95℃左右蒸汽外冒情况

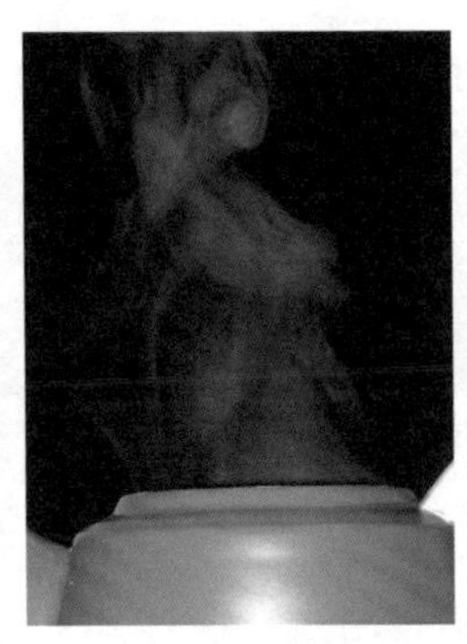

3.3.7b 85℃左右蒸汽外冒情况

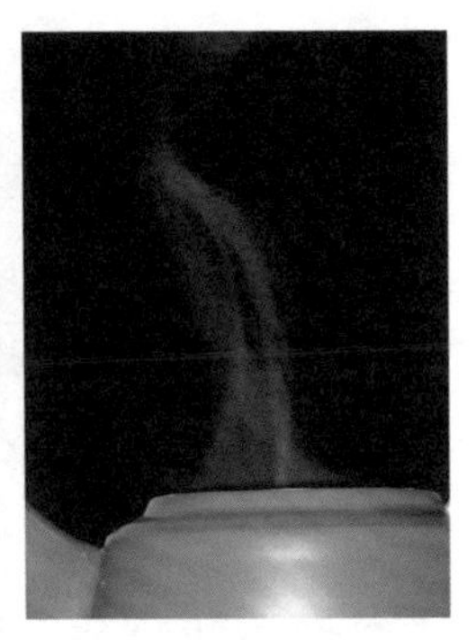

3.3.7c 75℃左右蒸汽外冒情况

在地的海拔愈高，大气压力愈低，蒸汽外冒的程度会加快，必须加以调整。

四、泡茶的方法

1.“用茶量”与“浸泡时间”

泡茶的方法也会影响“识茶”的正确性。泡茶的方法包括了水质、水温、冲泡器质地等。水质、水温的因素已经在前面说过，冲泡器质地将在下一节专题讨论，这里只说说“茶量与水量之比”与“浸泡时间”造成茶汤风格的差异性。

2.含叶茶法与审评泡茶法

要得出一定浓度的茶汤，若将茶叶放多了，浸泡的时间就要减少，若茶叶放少了，浸泡的时间就要加长。前面说过，如果让茶量减少到必经浸泡到茶的水可溶物几乎完全释出时才会得到适当浓度的茶汤，这样浸泡出来的茶汤最能代表该茶样的质量。退而求其次就是使用“审评泡茶法”，将茶量稍微增加，再利用浸泡时间的调整使茶汤的浓度达到我们的需要。很明显，后者是评茶上比较宽松的做法，还留有余地让我们调节茶汤的浓度。不管什么样，这是以识茶，或说是评茶为目的的泡茶方式，当然我们也可以将之应用到日常生活的品饮之中，就以“充分表现该批茶的本来面目”来对应，日常应用的所谓“含叶茶法”(图3.4.2a)，就是前者所谓的让茶成分充分溶出的方法。日常应用的所谓“大桶茶法”(图3.4.2b) 则经常应用后者所谓留有余地的“审评泡茶法”。

3.4.2a 以“含叶茶法”泡“盖碗茶”

3.4.2b 以“审评泡茶法”的茶水比例泡“大桶茶”

3. 小壶茶法的泡数限制

平常经常应用的“小壶茶法”（图3.4.3）是在上述的茶水比例基础上增加用茶量，使得缩短浸泡的时间，而且增加一壶茶冲泡的次数，因为这是日常社交生活上朋友长谈时的所需。但是这样的用茶量不要增加到“一般茶”泡五道以上、“特殊茶”泡三道以上的程度。因为为了能冲泡那么多道数，势必增加置茶量，使得第一道与第二道的茶汤必须在1分钟以内倒出，这样的茶汤尚不足以表现该茶的特质，因为只是快溶出的成分溶出而已，有些成分还来不及释出。刚才说到“一般茶”与“特殊茶”

3.4.3 在泡茶专用茶车上进行的“小壶茶法”

是指茶的水可溶物释出速度而言，释出速度一般者称为一般茶，释出速度特快者称为特殊茶。红茶、渥堆普洱与其他茶类的碎形茶是释出速度特快者，其他茶都属一般茶。以小壶冲泡散装或解块后的渥堆普洱，置茶量不能太多，否则第一、二道会快得来不及倒出，即使冲完水马上将茶汤倒出亦是显得太浓，所以必须减量；但减量的结果，冲泡到第四、第五道时就显得没什么味道了，所以我们说，这类茶不要企求冲泡到四、五道。

4. 增加用茶量的情形

如果有些人想利用“增加茶量”“减少浸泡时间”来掩饰该壶茶较为苦涩的缺点，是可以达到此目的的，因为想减少苦味，必须降低水温，想减弱涩感，必须缩短浸泡时间，所以只有增加用茶量一途。想透过茶汤识茶的人要注意到这个现象。

5. 溶出速度特慢的情形

另外还有一类茶是茶成分溶出速度特慢者，如传统白茶制法制成的白毫银针，浸泡到10分钟以上都还有不错的香味释出，这类茶如果置茶量多放一些，还不至于造成前面所说的前二道来不及倒出的窘境，所以这种茶可以顺利地冲泡到八、九道，但前面的一、二道仍然有代表性不足的缺点，因为很多成分还来不及溶解出来。一般的茶，浸泡到超过5分钟，就已经没什么好滋味了，超过10分钟，几乎难能让茶汤有新的内容物加入。

6. 一壶茶能泡几道

一壶茶能冲泡几道，并没有什么“茶叶质量”或“识茶”上的意义，除非加上茶、水比例的注脚。您可以把茶叶放得满满的，说是这批茶可以泡到八、九道，难道这就表示这批茶的质量好、很耐泡吗？但当它只放水量cc数的1.5%时（克数），就只得浸泡10分钟，泡一道了。

7. 茶香的踪迹

茶的香气是一种挥发性的油脂，遇热就会蒸发，由此让人们欣赏到茶香，所以分成数次冲泡的“小壶茶法”，香气是一道比一道减弱的。茶香的组成分子相当复杂，有些香气溶于水，有些香气不溶于水。会溶于水的香气多时，泡成茶汤后，品饮茶汤时就可以陆续欣赏到茶香；不溶于水的香气多时，闻成品茶很香，但冲泡后，从茶汤中体会到的香气并不多。不溶于水的香气也比较不容易保存在成品茶之中，也就是成品茶放一段时间后，香气就跑掉了；而可溶于茶汤中的香气就比较耐保存。

8. “饮用时”的汤温

茶汤饮用时的“温度”与透过茶汤“识茶”很有关系。汤温高时，香气在嗅觉与味觉的敏感度较高，尤其是嗅觉。味觉对汤中香气的敏感度变化比较小，热时喝来茶香，冷后喝来仍能欣赏得到茶香。香气在口腔的上颚最为敏感。至于汤中的苦涩味，温度降低后在口腔的敏感度愈强，所以喝苦药时要趁热喝。苦味在喉头最敏感，涩感在口腔两侧与舌面最敏感。茶汤中的甘味较不受汤温的影响，汤温高时与汤温低时的敏感度都差不多。

前面说到香气在高温时对感官的敏感度较高，但茶香与茶味结合起来所显现的茶性就不一定了，中低发酵的茶（含不发酵茶）在高温时表现得比较清楚，高度萎凋与发酵的茶（含白茶、重发酵与全发酵的茶）在汤温稍微下降时反而更能体会得清楚。所以欣赏白毫银针、白牡丹、白毫乌龙与纯饮高级红茶时，不必急于在烫嘴的时候就饮用，泡完茶，倒出茶汤，稍等一会儿，让汤温稍微下降后再饮用反而更能清晰地体会到该壶茶特有的风韵。

五、冲泡器的质地

所谓冲泡器就是用以泡茶的器皿，不限于茶壶，用一只杯子泡茶，这只杯子就是冲泡器，用一个桶泡茶，这个桶就是冲泡器。冲泡器之影响识茶是指透过该冲泡器冲泡出来的茶汤来识茶而言。由于不同冲泡器所泡出的茶汤有所差异，所以我们透过它们泡出的茶汤来识茶时，就要理解什么样的冲泡器对茶汤会造成什么样的影响。

1. 冲泡器溶出物对茶汤的影响

首先说到冲泡器的材质必须有足够的稳定度，浸泡“成品茶”时不会从冲泡器的身上释出其他的物质。如果以普通的水晶壶泡热茶，容易有铅溶于茶汤之内。如果是一把烧结程度甚低的壶，拿来泡茶，使用一段时间后再次拿来泡茶，原本聚集在壶壁气孔内的茶垢又会被溶解出来而混入新的茶汤之中。这些现象就会对茶汤产生一定的影响而扰乱了对该壶茶的认识。如果使用生锈了的铁壶泡茶，从壶身上融入茶汤之中的是铁元素，会让茶汤变黑。如果融入茶汤的旧茶垢是焙火茶的茶垢，那新泡成的茶汤就会有股熟火茶的味道。这些都会混淆对茶汤的判断。

2. 冲泡器传热速度对茶汤的影响

其次说到冲泡器质地传热速度对茶汤造成的影响。所谓传热速度即一般所说的保温效果。传热速度佳的冲泡器，其保温效果就差；传热速度差的冲泡器，其保温效果就佳。例如一把烧结程度很好的瓷壶与一把烧结程度很差的陶壶，倘若它们的容积差不多，我们同时将它们倒满同样温度的热水，10分钟后打开盖子量量壶内的水温，陶壶内的水温会高一些，因为陶壶壁比较粗糙，保温效果较佳。用这样的两把壶冲泡同样的茶，而且尽量将两把壶的置茶量、泡茶水温使用得一样，也尽量将两壶茶汤泡得最好，得出茶汤后，请不知情的人喝喝这两杯茶有什么差异；接着再让他们闻闻壶内茶叶散发出来的香气，热的时候闻一次，凉了以后再闻一次。如此经过几次的实验，我们会发现，烧结程度较高的那把壶的茶汤与叶底都显现得比较清扬、比较高频，不论是香气、滋味或是在茶性上。这个道理犹如用铁锅与砂锅炒青菜一般，铁锅炒出来的青菜一定比较脆、比较绿。

因为有了上述的泡茶经验，所以我们要从茶汤来识茶时，就必须先知道该杯茶汤是以什么冲泡器浸泡而成的。如果是纯粹为了赏茶，那就看您要将该批茶表现成什么样的风格，要它清扬、高频一些，就用瓷壶或金属的冲泡器；要它醇和、低频一些，则用火石质或陶质的冲泡器。但烧结程度低者有一定低的程度，不能低到吸水率太大，而且又没有上釉，这个冲泡器泡过茶后，器物本体吸进太多茶汤，使用后如果没有马上烘干，容易有异味，而且不卫生。

3. 冲泡器吸附香、味的影响

冲泡器或饮用的杯子如果烧结程度太低，表面又没有上釉或做其他隔水处理（如紫砂器的所谓修明针），持冲泡器闻容器内的茶叶香气，或持喝完茶汤的杯子闻“杯底香”，很可能比烧结程度高的同型冲泡器与杯子来得香。因为烧结程度低的壶面或杯面，其吸附茶香茶味的能力比较强，所以不能因此做了错误的判断，也不能因此说烧结程度低的壶、杯，品茗的效果较好。因为这样的茶香、茶味之附着，会影响到下一道茶的茶香与茶味，当附着的茶垢增加到一定程度之后，用之冲泡其他的茶叶，就会干扰到几乎无法认出该种茶的地步。

4. 杯子对汤色的影响

前面说的是“冲泡器”，因为用它来浸泡茶，所以它的材质会直接影响到浸泡出来的茶汤质量。至于盛汤饮用的“杯子”，对于茶汤的实质影响就比较小，但对汤色的视觉识别有极大的影响力。

首先是杯内的土色或釉色，如果是黑色或其他颜色，将无法正确显现该杯茶汤的颜色，所以我们要求在“识茶”的时候，用以评审茶汤的杯子，其内部应该要白色，而且要纯白。如果是偏“青”的白，也就是我们通称的“月白”，盛起茶汤会增加茶汤“绿”的效果。用它盛装绿茶，表现绿色的效果很好；但如果用它来盛装发酵茶，就会使得原本浅黄、黄、橘红与红的汤色看起来比较深。如果是偏“黄”的白，也就是我们通称的“牙白”，盛起茶汤会增加茶汤“红”的效果。用它来盛装橘红、红的茶汤，会增加重发酵与全发酵的茶汤彩度，让人误会它的水可溶物很高；但若盛装的是黄茶、白茶，就容易被误认为是陈放很久的茶，茶叶已被后氧化了（图3.5.4a、3.5.4b）。

杯子装汤水位的高低也关系到判断汤色的正确性，如果太低，杯内茶汤的色感会降低；如果太高，杯内茶汤的色感会增

3.5.4a 同一壶铁观音茶汤倒入月白（右）与纯白（左）的杯内，有不同的显色效果

3.5.4b 同一壶铁观音茶汤倒入牙白（右）与纯白（左）的杯内，有不同的显色效果

3.5.4c 同一壶大红袍茶汤倒入二只同型的杯内，水位不同时显现不同的汤色（图左水位高）

高（图3.5.4c）。通常我们是以3.5㎝的水位深度来定汤色的，太低、太高时，我们都要自行调整所看到的汤色。

六、识茶者的健康状况

1. 个人感官的偏差

识茶者不一样的健康状况经常在识茶的时候产生不一样的判断。例如某人经常食用刺激性强烈的食物，其味觉、嗅觉对滋味、香气的感应程度会较为迟钝，别人认为高香的茶他认为中香，别人认为强劲的滋味他认为尚可。还有的人是对某些香气或滋味特别敏感或特别迟钝，如一般人可以接受的烘干时遗留下来的火味，他就认为是焦味；一般人都认为苦味太重的茶，他偏偏认为只是强劲而已。所以我们必须细心留意，发现自己在嗅觉、味觉方面有异常点时，在“识茶”的品饮上要加以自我调整。

2. 感官暂时性失灵

有的状况是短暂的健康失调，如味觉、嗅觉器官发炎，或因大气压力突然的改变造成暂时性的失灵。有了这些情形，遇到需要识茶时，要特别小心，最好拿平时熟悉的茶样作为对照，加以对等性的调整。用餐时突然食用了味道强烈的食物，也会造成感官暂时性的“判断不正确”。

3. 第三者的影响

环境气味的干扰同样容易造成“识茶”上的误差，如室内插了香气与茶样相同或相似的花朵，识茶者在这样的地方待久后，对这种香气的敏感度会降低，结果，原本颇香的茶被误判为不太香或普普通通而已。

别人的意见也会影响到自己的感觉，例如原本自己觉得这杯茶不怎么香的，但其他的人都说这杯茶香，结果再喝一次，确实蛮香的。这是属于嗅觉、味觉的稳定度受其他人的影响。

七、识茶者的饮食习惯

1. 偏食与体质

要怎样才能让自己的识茶能力精准呢？除了前面所述及的如理解茶树的种植、茶的制作、茶的冲泡以及身体的健康……还要注意自己的饮食习惯，切忌偏食。不论“饮”或“食”，只要一偏食，很容易造成身体对某些香味特别敏感，对某些香味又有先天性的不喜欢，甚至于到达排斥的地步，这是长时间造成的，已成体质特征的一部分。如果是先天性体质的关系，如对寒性的食物不能适应，就要多摄取暖性的食物，使自己在接触较寒的茶香、茶味时，不会因畏惧而产生不公正的判断。

2. 短时间的饮食偏差

只要有了均衡的饮食习惯，生理的健康又没有缺失，短时间的饮食偏差并不会造成“识茶”上的错误。如偶尔吃了辣味，喝了酒，只要休息一小时左右的时间，就可以把味觉、嗅觉调整过来。但如果是习惯性的、常态性的嗜食辣味以及酒精饮料，对某些细微的茶香、茶味就无法分辨了。

3. 各类茶都得喜欢

上述所说的不得偏食，也包括饮茶的种类，什么茶都要喝，都要喜欢喝，不论是绿茶还是红茶，不论是白茶还是黑茶，也不论是生还是熟，否则久了以后也会产生体质上的偏差，对某类茶特别觉得亲切、好喝，对某些茶则不自觉地有排斥感，形成“识茶”上的一大障碍。

八、识茶者的专业能力

这里所谓识茶者的专业能力，是指在“茶学”领域的专业能力。至于识茶上的“官能”能力留待下节再说。跟识茶有关的茶学专业包括茶树品种、茶树种植、茶青采摘、茶叶制造、成品茶储存、商品行销、成品茶冲泡、茶汤品饮与叶底审察等，也就是第二章第二节“识茶六个层面之内容要项”表格所列明的那些项目。因为有了这些基本知识，当您看到成品茶或茶汤的某一现象时，才能完全理解其所代表的意义，才能识得透。例如同样的两批球形乌龙茶，外形揉成的形状与紧结度差不多，发酵、焙火、茶青老嫩、枝叶连理的情形也都不分上下，开汤后（也就是冲泡后），两杯茶汤的颜色一模一样，分析至色相、明度、彩度，也都极为一致；喝在嘴里，强劲度、稠度都在同等领域之内，但是可以明显地感觉到是不同的两种茶，最后才从泡开的叶底观察到：原来是两个不同的茶树品种。

当识茶者品饮到茶汤的苦涩，他必须有能力分辨这苦涩是属于制作上的缺失（如萎凋时造成了积水），还是属于品种的特性，或是茶汤浓度超过使然。当识茶者品饮到极高的香气与极强的甘度时，他要知道这是茶叶本身造成的还是制作时加以调香调味造成的。这些识茶内容都必须依赖对茶商品具备一定的专业能力才能办到。

九、识茶者的官能鉴定能力

1. 官能鉴定

这里所说的“官能鉴定”是沿用评茶上的术语，意指使用人的感官来从事成品茶的质量鉴定，相对于使用仪器从事物理与化学性的鉴定。鉴茶的感官包括了嗅觉、味觉、视觉与触觉。我们日常生活上的识茶与赏茶，虽没有评茶那么严肃，但基本的途径与要领是一致的。识茶与赏茶所使用的也是人体的感官，也是嗅觉、味觉、视觉与触觉。

2. 茶质量元素之识别与记忆

想透过感官将“识茶”“赏茶”做好，除了前面章节所说的专业知识与健康之外，还要训练自己对茶形、茶色、汤色、香气、滋味、叶底等各种状况及组成元素的识别与记忆。

识别就是分析后认识清楚，如外形的紧结度与条索的紧结度、翠绿与砂石绿、花香与青味、收敛性与涩感、柔软与麻布感……分析得愈细，愈清楚，就表示对茶的专业知识愈丰富，因此也让自己更容易记忆。

记忆是识茶稳定度很重要的一种能力，而稳定度又是识茶、赏茶、评茶绝对必要的一种修养，所谓“心中有把尺”，这把尺是不锈钢制的，不能忽而长忽而短。如今天说甲种茶这样的香气已是绝佳；明天无意中喝到了甲种茶，却说其香气不尽如人意。

3. 不当水温、浓度下的评鉴

在衡量一种茶样时，为充分了解该茶的特质，最好是以不同的冲泡方式，尤其是不同的水温、不同的浓度来表现看看，让我们知道在高过它所需要的水温或是低过它所需要的水温时，它的成分溶解组配如何；让我们知道它的浓度在超过标准多少时，或是低于标准多少时，方达到人们不喜欢的地步。有了这些前后左右的理解，对该种茶的评估就比较有把握了。有些茶的强劲度不大，将它泡得再浓，也感觉不出什么苦涩，所以这类茶被称为很好泡的茶，但从识茶与评茶的立场而言，应从这泡茶的茶汤稠度来界定它的标准浓度，也就是以茶汤嚼之有物的感觉来衡量是否已浸泡到适当的浓度，再以这样的茶汤来理解各种香、味与特质。有些茶的强劲度比较厉害，于是有人将之泡得偏淡一些，使喝来不觉得太过苦涩，这样的茶汤，我们也要从茶汤稠度未达标准来调整对它苦涩味的衡量。

十、识茶者判断事物的客观性

1. 偏见的产生

所谓判断事物的客观性就是没有偏见。这个“偏见”有时是因为自身的好恶之心太强所致，喜欢的东西就说好，不喜欢的东西就说坏；另外一个原因是不知不觉中，因为长期接触某一风格的茶，而对之别具深情，在判断优劣的时候就产生了偏差。

2. 广度与深度的理解

如何增进自己判断茶汤的客观性呢？除要有上述的思想基础外，还要有足够的专业知识，以及对茶“广度”与“深度”的理解，

何谓“广度”的理解？就是要喝遍天下各种特色茶，了解它的历史与爱好者对它的欣赏点。这样可以避免因知识面不够而突然擅加批评。如一个从来没有喝过烟熏小种红茶的人，又没从书本与其他人身上得知它的信息，有一天突然喝到“正山小种”（即中国武夷山的一种烟熏小种红茶）时，以为那是干燥或焙火时沾染了烟味（图3.10.2a、3.10.2b）。

何谓“深度”的理解？就是要让自己尽量尝遍各类名茶的极品，知道各类茶可以制作到如何的地步。否则您以为某样红茶应该是不错了，但将它放在世界同类茶的评分表上，却只是排名中等。

3.10.2a 福建武夷山的烟熏小种红茶

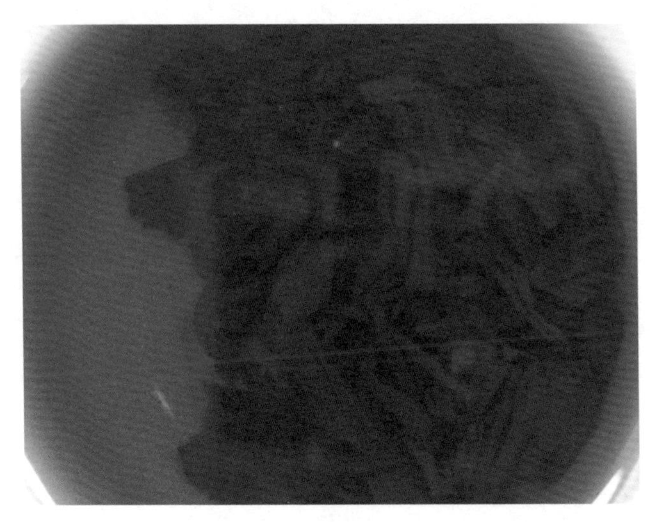

3.10.2b 福建武夷山烟熏小种红茶泡开后的情形

3. 评茶要由专家为之

在“评茶”的课题上，有人主张评审委员会要有一般的消费者参加，因为终端享用这些茶的，绝大部分是非茶叶资深人员。若以此观念组织了评茶委员会，评审的结果很可能离专家的意见有很大差距。为什么呢？因为没有足够的专业，是无法做出正确判断的，例如拿一幅装饰画与一幅名家的作品给一群未经美学训练的人票选，很可能大家会觉得装饰画比较好看，因为另一幅名家作品画得不符合生活经验上的逻辑，也不赏心悦目，所以他们的结论是装饰画优于名家作品。但若对这群人施以一段时间的艺术课程培训，等结训时再让他们对先前的两幅画做评鉴，可能结果已逆反了过来。

第四章
识茶的途径

一、属于茶叶风格的部分

二、属于茶叶质量的部分

一、属于茶叶风格的部分

（一）色，从汤色的不同来解读茶叶

成品茶与茶汤的颜色是相连贯的，只是成品茶是干的，颜色显现得比较不清楚，而且变得比较深暗。如茶汤翠绿的茶，在成品干茶是墨绿的（图4.1.1a、4.1.1b）；茶汤鲜红的茶，在

4.1.1a

4.1.1b

成品茶是暗红色的（图4.1.1c、4.1.1d）；茶汤是褐色的，在成品茶是古铜色的（图4.1.1e、4.1.1f）。为便于解说，我们在谈茶的“色”时，就以“汤色”为对象。汤色的变化说明了成品茶的发酵程度、焙火程度、老嫩程度、揉捻程度，以及冲泡的浓度。

4.1.1c　　4.1.1d

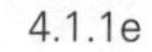

4.1.1e　　4.1.1f

1. 成品茶的发酵程度

成品茶的发酵程度带动汤色的变化，汤色又带动风味的改变。制作过程中，茶青发酵程度愈低，不论是杀青前的发酵还是杀青之后的后发酵，冲泡后茶汤的颜色偏绿者，喝来的感觉愈接近自然植物的风味。发酵程度愈高，也就是汤色偏红者，喝来的感觉是离自然植物的风味愈远。

①蒸青绿茶

茶青在制作时发酵得愈少，成品茶冲泡后的茶汤就愈偏向绿色。其间最绿的大概要属蒸青的绿茶（图4.1.1.1a），因为茶青采下后，立即以蒸汽或开水烫熟，所以茶青没机会发酵，冲泡出

4.1.1.1a 属蒸青绿茶的“煎茶”

来的茶汤是绿色的（图4.1.1.1b）。尤其是蒸青绿茶的“碾茶”，研磨成粉后就成“末茶”，其中能直接搅击成茶汤饮用的特别称为“抹茶”（另有研磨程度没那么细的食品加工用的绿末茶），由于汤中含有叶肉的衬托，汤色显得更是翠绿（图4.1.1.1c）。

4.1.1.1b 属蒸青绿茶的汤色

4.1.1.1c 搅击过的抹茶茶汤

②炒青绿茶

其他非以“蒸青”方法杀青的绿茶，由于是以炒、烘或晒的方式杀青，杀青的效果不是那么彻底，而且在鲜叶离开茶树到杀青期间，多少会产生一些发酵，所以冲泡后的汤色没有上述蒸青绿茶的翠绿。尤其有些绿茶，如龙井，在杀青之前还特意“晾青”(即散置于阴凉的空气中让茶青消失一点水分)，而且接下来的炒青（以炒的方式杀青）时间又比“蒸青”要长（图4.1.1.1d)，所以这段时间难免产生些许的发酵，所以龙井的汤

4.1.1.1d 在锅内“炒青”“炒干”的龙井茶

色是绿中带黄的（图4.1.1.1e）。绿茶虽被归于不发酵茶，但这里的“不发酵”不是发酵程度为零的意思，而是发酵程度在5%以内者都可以称为不发酵茶。

③黄茶

不发酵茶类中有一小类叫“黄茶”的，那是在杀青到干燥期间有个“闷黄”的过程，结果冲泡以后的茶汤就变成浅黄色，

4.1.1.1e 龙井茶的汤色

4.1.1.1f 君山银针的汤色

这类茶的高档品多采芽心为原料，芽心的绿色成分比较少，于是茶汤就变得是少绿而微黄，如君山银针就是如此（图4.1.1.1f）。

4.1.1.1g 白茶类的白毫银针

④白茶

杀青之前若让茶青轻微发酵，如发酵程度10%左右，冲泡之后的茶汤就会变成浅黄色，如部分发酵茶中发酵最轻的一类——白茶，一般采取重萎凋轻发酵的制作方式，茶汤已脱离绿色的影子而向红色迈进。这类茶在市面上常看到的有白毫银针（图4.1.1.1g）、白牡丹（图4.1.1.1h）、寿眉（图4.1.1.1i）等。举凡茶名中有“白”字出现

4.1.1.1h 白茶类的白牡丹

4.1.1.1i 白茶类的寿眉

者，都表示是采带白毫的芽心为原料，可能全部都是芽心（如白毫银针），可能是一心一叶或一心二叶（如白牡丹），可能是一心三四叶（如寿眉），芽心愈多者、白毫愈多者，汤色就会显得愈浅。

⑤绿不绿黄不黄

茶叶的制作不是一成不变的，有时是因为掌控不好，无法控制在典型的标准样上，如绿茶未能及时杀青，或是杀青不彻底，又陆续起了一些发酵，结果原本应该绿色的茶汤变得偏黄了。有时是因为市场上的需要，大家觉得绿茶要绿才好，于是黄茶的闷黄愈做愈轻，甚至于就做成绿茶的样子。近来又因为环保的意识高涨，大家崇尚绿色，认为绿色代表着健康，于是轻发酵茶愈做愈轻，茶汤愈变愈绿。如后面将谈到的铁观音

4.1.1.1j 传统的铁观音

4.1.1.1k 时髦的铁观音

与冻顶乌龙茶，就因为这样的市场氛围，导致这两种茶原本浅褐色或深褐色的茶汤变成了清一色的黄中带绿（图4.1.1.1j、4.1.1.1k）。

⑥乌龙茶

部分发酵茶是让茶青在杀青之前产生一定程度的发酵，白茶类发酵得最轻，大约在10%左右，汤色是浅黄色。若再重一点的发酵，如15%左右，就变成了市面上所称的包种茶，或称作清茶的，冲泡后的茶汤就呈现黄色（图4.1.1.1l）。如果让茶青发酵到20%左右，就是市面所称之铁观音、冻顶乌龙、武夷

4.1.1.1l 轻发酵的包种茶

4.1.1.1m 中发酵的冻顶乌龙茶

岩茶等，其汤色将呈金黄色（图4.1.1.1m）。如果让茶青继续发酵到60%左右，即已到了重发酵的程度，汤色将呈橘红（图4.1.1.1n）。如果让茶青继续发酵到95%以上，那已是全发酵的地步，冲泡后的茶汤颜色即变成红色（图4.1.1.1o）。

⑦后发酵茶

茶的另一种发酵是杀青以后才产生的，如普洱茶的渥堆与存放，以及其他茶类的储存所产生的非酵素活性氧化。为区别于杀青之前的发酵，茶界特别将这种杀青后的发酵称为“后发酵”。后发酵也会在茶汤上产生与正常发酵相同的汤色效应，如渥堆普洱（市面上有人称之为“熟普”），由于已充分氧化，所

4.1.1.1n 重发酵的白毫乌龙

4.1.1.1o 全发酵的工夫红茶

以汤色已经变红，只是比全发酵的红茶红得深沉一点而已（图4.1.1.1p）。至于存放普洱（市面上有人称之为“生普”），则依存放年份与储存环境的不同产生或多或少的后发酵，后发酵重者，茶汤就会变得红一些（图4.1.1.1q）；后发酵轻者，茶汤就有如轻、中发酵的茶，在金黄偏绿或偏红间起变化（图4.1.1.1r）。

⑧汤色带动风味的改变

制作过程中，茶青发酵程度越低，不论是杀青前的发酵还是杀青之后的后发酵，也就是冲泡后茶汤的颜色偏绿者，喝来的感觉越接近自然植物的风味；发酵程度越高，也就是汤色偏红者，喝来的感觉是离自然植物的风味越远。

4.1.1.1p 后发酵的渥堆普洱

4.1.1.1q 后发酵轻的存放普洱

4.1.1.1r 左下为后发酵重的存放普洱，右下为后发酵轻的存放普洱，上为渥堆普洱

2. 成品茶的焙火程度

①火候的轻重

成品茶制成后，可以依消费者的需要加以“焙火”，也就是将成品茶放在烤箱或焙笼内，用高温的热能加以烘焙，使“成品茶”喝来有股火香，口感与对身体的效应上都觉得温暖一些。烘焙的火候可轻可重，一般喝茶的人常以“十分法”形容焙火的程度，如“二分火”是非常轻的焙火程度，“五分火”已是很明显地从生到熟的效应，而“九分火”，那已经是有了焦味。

②焙火与干燥

上述这些轻重不等的“焙火”与制茶过程中的“干燥”不同。干燥是在茶叶初制完成后，将茶青弄干（用炒、用烘或用晒皆可）的动作，目的在于固定成品茶的特质，而且利于保存。而焙火的目的则是在于改变成品茶的生、熟效应。焙火算是成品茶的加工过程，这项加工过程几乎只实施于采较成熟叶为原料的所谓叶茶类上（图4.1.1.2a），因为采以嫩芽为主要原料的

4.1.1.2a 在叶茶类的茶上，可以施以轻（左）、重（右）不等的焙火

所谓芽茶类（图4.1.1.2b、4.1.1.2c、4.1.1.2d、4.1.1.2e、4.1.1.2f），其目的在于欣赏茶叶的天然植物风味，焙火的手段是与此目的

4.1.1.2b

4.1.1.2c

4.1.1.2d

芽茶类的茶，不论是不发酵（4.1.1.2b）、微发酵（4.1.1.2c）、重发酵（4.1.1.2d）、全发酵（4.1.1.2e），或是后发酵（4.1.1.2f），都不适宜加以焙火

4.1.1.2e

4.1.1.2f

相违背的；只有叶茶类的茶可以利用焙火的加工方式让其产生更为丰富的欣赏价值。

③焙火在汤色上的变化

成品茶加以焙火后，其外观与浸泡后的茶汤在颜色上都会显得比较暗，而且在焙火程度愈重时，颜色变暗的程度愈厉害，这个现象是不管原来该茶的发酵程度的，如该茶是轻发酵的黄色，在焙火后，汤色就在黄色的基础上变暗；如该茶是中发酵的金黄色，在焙火后，汤色就在金黄色的基础上变暗，如果变暗的程度不是很大，看来就像是变红了一点的样子。所以只要看汤色在“明度”上的变化，就可以知道焙火的轻重。

绿茶都没有焙火，原因就如同上面所说的，因为会破坏绿茶原本欣赏植物绿叶的本意。芽茶类的部分发酵茶（如白茶、白毫乌龙）、与全发酵的红茶、后发酵的普洱茶亦是如此，因

4.1.1.2g 全发酵在干茶上造成的“深红色”

为既然以嫩芽为主要原料，娇嫩是其主要风格，焙火是背道而驰的行为。红茶从成品茶的外观看来是显得深暗，但那是红色的叶子烘干以后的“暗红”，而不是焙火后造成的“黑”（图4.1.1.2g、4.1.1.2h），所以红茶虽然被称为Black Tea（黑色的茶），但还是不宜以“焙火”作为“加工”手段的。普洱茶内的“渥堆普洱”在分类学上有人将之归于黑茶类，那也是外表显现的深色，而不是焙火造成的结果。

④补火与焙火

不论哪一类茶，有时是因为含水量已超过安全标准（如含

4.1.1.2h 重焙火在干茶上造成的“黑色”

水量已超过8%)，必须再补行干燥；有时是为稳定初制茶的品质特性，必须施以一至数次的补助性干燥，这两类的“补火”(或称复火) 都还属于“干燥”的范围，因为其目的不是在改变成品茶的品质特性。只有较长时间的烘焙下，才足以将茶性变得温暖，变得带有熟香，这样的加工程序才称作“焙火”。“补火”与“焙火”间难免有交叉地带，就是“补火”重了，次数多了，也会带来一点“轻焙火”的效应。

⑤炭焙与电焙

干燥与焙火都因热源的不同而有所谓炭焙与电焙的区别，

前者使用木炭为燃料（图4.1.1.2i），后者使用电力为燃料（图4.1.1.2j、4.1.1.2k），只要照顾得宜，并没有孰优孰劣的绝对性答案。传统的炭窟焙茶，以白灰覆盖炭火控制温度，并以此造

4.1.1.2i 以木炭为燃料，用以干燥后焙火的传统“焙窟”

4.1.1.2j 以电力为燃料的箱型焙茶机

4.1.1.2k 以电力为燃料的自走式干燥机或焙茶机

4.1.1.2l 红炭上覆盖白灰以控制温度的焙茶法

成远红外线的加热效果（图4.1.1.2l），在人力得以充分照顾的情况之下，是可以将茶的焙火功效发挥得很好的。

3. 成品茶的老嫩程度

①茶汤之色相、明度、彩度

影响茶汤颜色的因素除了上述的偏绿、偏红（即色相的改变）与偏亮偏暗（即明度的改变）外，尚有稠度上的问题，也就是彩度上的变化。稠度高者，彩度就高，看起来色彩的饱和度很高的样子，稠度低者，则一切相反。

②彩度的变化

影响茶汤稠度的主要原因是溶解于水中的茶成分是多还是少，溶解得多时，茶汤在原来应有的色相与明度之下，会显现出较高的彩度；溶解于水中的成分少时，会显现出较低的彩度。

③彩度、质量、风味

同样茶量、同样水温、同样浸泡时间、同样冲泡器、同样水质，水可溶物多者，在同类型茶的比较下，往往是质量较佳的成品茶；在不同类型茶的比较下，往往是原料较嫩的成品茶。在品饮之前，我们从浸泡出来的茶汤，就可以看出该泡茶品质与风味上的大部分征象。

④彩度之理解

茶汤之红绿变化与明暗变化我们较易掌握，但彩度则较不易理解。我们可以将一杯很浓艳的红茶或一杯很浓艳的绿茶以白水稀释之，这时茶汤的色相与明度未变，但彩度会降低，也就是茶汤的稠度降低了，这时喝在嘴里，口腔的饱满感与食之有物的感觉一定不如稀释之前的茶汤。当然，要在同样杯色与同样汤量水位之下比较。

4. 茶的制作技术

①色相、明度、彩度与清澈度

茶汤的颜色显现，除了发酵程度造成色相的改变，焙火轻重造成明度的改变，水可溶物多寡造成彩度的改变外，另外还可观察茶汤的清澈度，清澈度也可以算作汤色的一部分。

②清澈度、浮游物、漂浮物

清澈度是指茶汤肉眼可见之浮游物与漂浮物的多寡。浮游物与漂浮物多时，就会影响茶汤的清澈度。清澈度与茶汤的色相、明度、彩度所表现的意义不同，虽然明度低时也会影响茶汤的清澈度，但我们在说到茶汤的清澈度时是着重于混浊感，也就是“浮游物”的多少，甚至于有些干扰清澈度的“漂浮物”都被忽略。

③浮游物形成的原因

浮游物主要是茶叶制作不良造成的，如干燥不及时、不彻底，或揉捻技术不佳，将茶青的表皮揉破了，这样制成的成品茶，浸泡后就容易有脱落的表皮与叶肉浮游于茶汤之中。这种浮游物与茶渣、茶末不同，茶渣、茶末容易沉淀，浮游物不容易沉淀。

④漂浮物形成的原因

再说漂浮物与浮游物的不同，漂浮物主要是从芽心脱落的茸毛。茶叶的新芽因品种与季节的关系会有或多或少的茸毛披覆，制作完成后，在成品茶上就以所谓的“白毫”呈现。这样的成品茶在冲泡后，就会有一些茸毛脱落而漂浮在茶汤的水面，因为这些茸毛有排水性。这些茸毛造成的茶汤漂浮物常被误认为灰尘，事实上反而是成品茶多带芽心的象征，而且饮之无碍。

5. 成品茶的冲泡浓度

①汤色与浓度

我们要从汤色来解读成品茶的不同风格时，这汤色必须冲泡得足以代表这泡茶。

怎样的汤色才能代表这泡茶呢？必须是这泡茶汤的浓度足以代表这泡茶的特质，而且是将这泡茶表现得几乎最好的茶汤。只有在这个原则之下，我们从茶汤来解读这泡茶才是有意义的。

当然，其他必备的条件仍要遵守，如使用合于泡茶要求的水质，若是水的碱性太重，汤色会偏黑；水的酸性太重，汤色会偏淡。泡茶水温也要是该成品茶适用者，否则浓度虽然是恰到好处了，但茶汤的成分组配不够理想，显现的汤色也会有误差。盛装茶汤的容器，内侧最好是纯白的颜色，否则干扰汤色甚重。茶汤水位的深浅也关系到茶汤的颜色。

②浓度误差之调整

茶汤如果浸泡得太过浓稠，汤色的色相、明度与彩度都会起变化，其中尤以彩度走样最多。如果识茶者事先知道这泡茶泡得太浓或太淡了，可以自行在心中将汤色加以修正，或是设法调整茶汤的浓度，但如果不知情时，解读的结果会有很大的误差。

（二）香，从香型的种类来解读茶叶

汤色是识茶的第一途径，香气是识茶的第二途径。香气又包括香的类型、香的强度、香的持续性与香的性格。

1. 香的类型

茶的香气类别是不容易以其他物品的香气来形容的，例如：柠檬香、苹果香、茉莉花香……因为不容易找到与各类茶相似的物种香气，所以在介绍茶的香气时，只能以香的类型来作界定，如菜香、花香、果香、糖香、木香……

茶之所以会形成那么多种类，主要是因为制造的手段不同，香气会形成那么多种类也是因为这些制茶的不同手段。控制发酵的程度使成品茶形成菜香、花香、果香、糖香、木香等不同的香型；控制焙火轻重，塑造了香气是寒凉的香气还是温暖的香气；控制不同的茶青成熟度与揉捻力道，让茶香在频率上起了变化，有些高频如小提琴，有些低频如大提琴；控制不同的陈放年份，让茶起到不同程度的醇、净变化……

①发酵造成的效应

发酵在成品茶颜色上造成的效应已如上所述。随着颜色的变化，香气也起了很大的改变。如果不让茶青产生发酵，制成的茶就是市面上所称的绿茶，它的香型是属于“菜香”，像一把蔬菜用开水烫过后的香气，像青菜炒过后的香气，像割草皮后的香气（图4.1.2.1a）。

如果让茶青轻轻地发酵，如30%以内的发酵，制成的茶就是市面上所称的轻发酵乌龙茶，如铁观音、冻顶乌龙等。香气就会从“菜香”转化为“花香”。我们或许说不出是属于什么花的香，但总可以理解到那是植物开花的香气（图4.1.2.1b）（制成

4.1.2.1a 不发酵茶的香气是如割草皮后的“菜香”

4.1.2.1b 轻发酵茶的香气是如植物的“花香”

茶后再行加工制成的花茶暂且不说）。

如果让茶青继续加重发酵，如到达60%～70%的程度，茶的香气就会从“花香”转变为“果香”，制成的茶就是市面上看到的所谓白毫乌龙（或称东方美人）。这时的果香是肉果型水果的香，如芒果、木瓜之类，有人称它为熟果香（图4.1.2.1c）。

4.1.2.1c 重发酵茶的香气是如肉果型水果的“熟果香”

另外介乎于轻发酵（花香）与重发酵（果香）之间的所谓“中发酵”茶，如果制成后加以一点焙火，如市面上传统型的铁

4.1.2.1d 中发酵茶再经焙火后是硬壳果的“坚果香”

观音、冻顶茶、武夷岩茶等，就会形成一种“坚果香”，如栗子、核桃之类的香（图4.1.2.1d）。为了简单化，我们姑且将坚果香与熟果香（或称肉果香）统称为“果香”。

再继续发酵下去就是全发酵了，制成的茶就是市面上所谓的红茶。这时的香气就会变成“糖香”，是砂糖或麦芽糖的香

4.1.2.1e 全发酵茶的香气是有如砂糖的“糖香”

4.1.2.1f 后发酵茶的香气是属于木头的“木香”

(图4.1.2.1e)，也有人称作“麦芽糖香”。

另一类茶是正常发酵前先行杀青、揉捻，晒青干燥后再行渥堆或存放，使其产生后氧化，这样制成的茶就是市面上所称的普洱茶（包括其他种类的砖茶），这时的香气是从晒青与渥堆或存放产生的后氧化所造成的“木香”(图4.1.2.1f)。有人说像樟木香，有人说像沉香木的香，总而言之是属于木头类的香气。

以上各个阶段的香型界线并不是泾渭分明的，当不发酵茶在制作时引发了些许的发酵，它的香型可能就会往“花香”靠，所以如果有人说他喝过花香型的绿茶，不要怀疑他。当制作红茶时，没让它发酵得那么充分，制成的红茶就有一股“熟果香”，现今高档的红茶经常有这种现象。

②焙火造成的效应

焙火是在“茶”制成后才予以“加工”的，是在干茶上施予的工序。如果是在湿茶上加以烘烤，那是为了“干燥”。在干茶上加以烘焙，就会逐渐产生烘焙的香气，这香气是高温造成的，是一股温暖的感觉，由淡到浓，直到变成焦味。

我们前面说过焙火只施用在采较成熟叶为原料制成的叶茶类，如市面上的包种茶、冻顶乌龙、铁观音、武夷岩茶（即大红袍、白鸡冠、铁罗汉、水金龟之类）等。这些茶如果施以90℃以内的烘焙，一两个小时内是不会有太大的颜色改变的，香气也只是减少了一些生冷气，还嗅不出“火”的味道，这是所谓二分火的状况。如果将温度提高到95℃，也是一两个小时的烘焙，我们就开始嗅出了爆米花的香气，火的感觉已经明显地出现，这是所谓的三分火。如果将温度提高到100℃，或将刚才95℃的时间延长到三小时，这时“烤熟”的香气开始出现，是为四五分火，茶干的颜色出现了浅褐。如果将温度再提高到120℃，一两个小时后，茶干的颜色就开始变黑，也就成了“深褐”，这时的茶香会出现“熟焦香”，焙火的火候已到了七分。当烘焙的温度增高到130℃，一两个小时后；或是原来的120℃，将时间延长至三四小时，茶干就会变成浅黑色，香气变成了“焦香”，火候已到了八分。若将温度增高到140℃，一两个小时后，成茶的外观就变成了“炭黑”，连“褐”色的感觉都消失了，这时的香气已变成了“焦味”，焙火程度到了九分。若将温度继续增高，很容易将茶烤焦掉，甚至烧了起来，那就没什么意义了，所以我们很少推荐九分、十分火的焙茶做法。

③茶青成熟度与揉捻轻重的效应

我们说茶分成芽茶类与叶茶类，这是指因茶枝成熟度而造成的茶青成熟度。茶树的每一根枝条，总是在顶端先冒芽，然后开面成叶，然后继续抽长芽心，继续长成叶片。直到有一天，这时大约一个月过去了，顶芽开面成叶片后，心芽留驻原处不再继续抽长，我们知道这茶枝长熟，不再增长了（图4.1.2.1g），要长，只有等到下一回从侧腋再长出新芽。茶枝成熟前，顶端总会带有芽心，这时采下芽心，或带上前头刚开面的一片叶片（即所谓一心一叶），或带上前几天刚开面的前后二片叶片（即

4.1.2.1g 茶枝已长熟，不再增长了

所谓一心二叶）……，这样的原料制成的茶就称为“芽茶类”。如果等到茶枝刚刚长熟，顶芽才开始舒展，这时连同前几天才开展成的新叶一起采下（即所谓对口二叶），或连同前后开展的二片新叶采下（即所谓对口三叶），这样的原料制成的茶就称为“叶茶类”。

同样的芽茶类与叶茶类也有成熟度的差异。芽茶类中，只抽心芽的最嫩，一心夹二片未展叶的次之，一心一叶又次之，一心二叶更次之……，成熟度高者可以到一心五六叶。叶茶类中，驻芽刚刚形成，前面一叶也还未完全舒展，这样的对口二叶最嫩，此时还可以连同第三叶一起采下，就是对口三叶。如果心芽已完全开面成叶，只能再多一叶，而成为对口二叶了，这时若采到第三叶会嫌太老。

芽茶类制成的茶在茶香上显得比叶茶类要高频，如果前者有如小提琴的风格，那后者就有如大提琴的风格。芽茶类的茶中，嫩度高者又比嫩度低者在香气的频率上要高一些，叶茶类亦是如此（图4.1.2.1h）。

4.1.2.1h 较嫩叶的茶青，制成的茶，在香气表现上较高频

揉捻的轻重能加重香气频率的变化，不论芽茶类或是叶茶类，只要在揉捻时是采重揉的，其香气的频率都要比采轻揉的低。所谓揉捻的轻重是指揉捻时所施的压力与时间而言，施的压力愈重，揉的时间愈长，我们就称它揉捻愈重，这时叶细胞壁被揉破的比例就愈大。重揉捻时，甚至有时还在加温或用布包裹的环境下进行（图4.1.2.1i），这时揉捻的效应更是增强。

4.1.2.1i 在台面增加热度可以增进揉捻的效用

我们怎么知道茶的揉捻程度呢？可从成品茶揉成的形状与叶细胞被揉破的程度来看。形状上，条索愈紧结的茶就是揉捻程度愈大的茶。叶细胞被揉破的程度可从泡开后的叶底观察得到，泡开后的茶叶皱褶度愈大者就是揉捻程度愈厉害的茶；揉捻程度低的茶，从茶底上看来是较平整的。

④陈放时间的效应

茶的陈放分为成品前的陈放与成品后的陈放。所谓成品前的陈放，是指茶初制完成，饮用之前的陈放；成品后的陈放，是指茶完全制作完成（含精制与加工），可供饮用之后的陈放。

成品前的陈放是指后发酵茶（如普洱茶）而言，普洱茶不论是“渥堆普洱”还是“存放普洱”都应该在渥堆之后或初制完成之后存放一段时间才可以算作普洱茶的完全制成。渥堆普洱在渥堆工序完成后确实已经是名正言顺的普洱茶，不管它是压制成饼茶还是散装普洱，但这时直接饮用并未达到它应有的质量要求，最少也要陈放个一年才算完成它起码的“诞生”条件。至于存放普洱，普洱茶的特质完全依赖初制完成后的存放，正常的存放，至少也要两三年才开始显现普洱茶的风味。所以普洱茶等后发酵茶的陈放被视为制作工序的一部分。

成品后的陈放是指含后发酵茶在内的诸茶类的陈放，这些茶除普洱茶外，尚包括不发酵茶的绿茶、黄茶，部分发酵茶的白茶、青茶，全发酵的红茶，这些茶在制作工序完成后就可以饮用，但也可以陈放一段时间使其产生“后熟”效应。有些茶友认为这时的茶更为适口，质量更为稳定。为什么不全面认定呢？因为有人主张不必那么苛求，而且陈放不当的话反而是弄巧成拙。但后发酵茶则不同，它的成品前存放是必要的，成品后存放的失败率也不高。

不论是成品前的陈放还是成品后的陈放，茶的香气在陈放之后都会变得比较低频，但是这时所产生的频率下降不像上述“揉捻程度”与“茶青成熟度”的影响那么明显，只发生在香的净度与醇度上，有如同样的两把小提琴，频率范围相当，但一新一旧，旧的那把在音色上理应较为醇净。

2. 香的强度与持续性

“香的类型”是说香的各种不同类别，“香的强度”则是在说香含量的多寡与香的强劲度，“香的持续性”是说香成分在成品茶与茶汤中能够持续存在的时间。

①香在成品茶与茶汤间

香的强度与香成分在成品茶与茶汤中的多寡与种类有关，含量多时，我们闻成品茶与茶汤时就会觉得很香，否则就不香。香的组合上，还有强弱之分，有些香成分显得比较强劲，有些显得比较温柔。所以在多寡与强弱间会造成不同的效果，我们在识茶时应该要留意其间的差异。

为什么要将成品茶与茶汤中的香成分分开呢？因为由于冲泡方式的不同，成品茶叶的香成分不一定以固定的比例溶解于茶汤之中。当浸泡的水温高时、浸泡期间茶汤浓度低时，香成分溶出的比例与速度就会增加。香成分的溶解能力也有不同，遇到溶解力较强的香成分，溶解于茶汤中的成分就多，否则就少。遇到香气溶解力较弱的茶，浸泡了数道后，叶底香气仍高，但茶汤并没有相对应的香度。正常的泡茶过程中，开始时应是成品茶香气高，随着冲泡次数的增加，茶香一次次地溶于水中被人们享用，而叶底（茶渣）便变得没什么香气了。

②香与原料质量和制造技术

香成分在成品茶中的多寡，与制茶原料的质量和制茶技术有绝对的关系。一般说来，气候温和、雨量平均、早晚温差大、肥料来自天然资源（不依赖化学肥料）、茶青采摘得时（依制茶种类决定是早春、晚春、初夏或晚秋采摘）、茶青采摘时的天气良好、茶青采摘的老嫩适中、茶青采摘的成熟度平均等，这样的原料是较易制成含香量高的成品茶的。

制茶时的技术更是决定成品茶香成分高低的重要因素，高质量的茶青还要有高质量的制茶师傅才能将茶制好。所谓制好茶，衡量的标准绝大部分的因素在于该茶含香量的多少，含香量高的茶就是好茶，就能卖高价格。所谓制茶技术，包括制茶师懂得看茶青制茶、看气候制茶，懂得茶青萎凋到什么程度应该施以搅拌，搅拌的轻重如何，杀青、揉捻的力道如何掌握等。制茶技术还包含很大的天候因素，如果制茶当天遇到阴雨，或是相对湿度距离标准的85%太远，都是对制茶师傅的一大考验。

③香含量与香强度

香的成分含量高者即表示成品茶具有高的“香强度”，但“香强度”与“香含量”又有些许的不同，当“香含量”相同时，含有较多“强”度香成分的茶，其“香强度”会高一些的。香强度还会在茶汤上表现出不同的效果，同样的香成分释出量，当使用的水温高一些时，茶汤的香强度会高一些。这是在同样释出浓度下所做的比较，否则浓度高一些当然强度会高一些。这里所说的香强度也仅就同样香成分而言，不同的香成分也会造就出不同的香强度，那是属于下一节所要谈论的“香性”。

④香在成品茶内的持续性

至于香的持续性应该分成“成品茶”与“茶汤”而言，成品茶的香之持续性是指该茶香气在存放期间的延续能力。会不会是新茶很香，放一段时间后就不香了？质量好的茶是在储存一段时间后（如数年后）仍然维持原本香强度的。只要存放的条件合乎一定水平，存放一段时间后，香强度就逐渐或骤然消退者，就是香成分的持续性不佳。有些茶确是初制成时很香，但放一段时间后就不香了。这个现象与制茶技术、茶青质量有绝对的关系，无法“留香”的茶一般被视为制作失败的茶。

⑤香在数道茶汤间的持续性

再从茶汤来说香的持续性。喝茶时形容香气的持续性是表示连续冲泡数道后，香气仍然存在的意思。能够达到这个境界，首先必须是该成品茶的香成分含量多，而且是持续性良好的香成分，其次是该茶的成分释出速度不是很快，否则茶香与茶味在前几道快速释出，后面几道一定是香味俱贫的。香味释出速度与成品茶的各种状况有关，现分析如下：

a.茶叶完整度：完整度高者释出速度慢，破碎程度高者释出速度快。

b.枝叶连理情形：制作完成后，将枝叶分离的比例高者，释出速度快；一心二叶、一心三叶、对口二叶、对口三叶等心与叶或叶与叶以“梗”连结在一起的比例高者，释出速度慢。

c.叶型大小：因品种关系或因土壤的肥沃度或因成长的成熟度，叶型大者，释出速度慢，否则速度快（图4.1.2.2a）。

d.芽型或叶型：以采嫩芽嫩叶为主要原料制成的茶，释出速度快；而以采新开面叶为主要原料制成的茶，释出速度慢（图4.1.2.2b）。

4.1.2.2a 叶型大小不一，当然会影响成分溶出的速度

4.1.2.2b 芽型与叶型的茶，芽型（图右）成分溶出的速度比较快

4.1.2.2c 同样是叶型茶，成熟度高者（图左）成分溶出慢

e.茶青成熟度：不论是芽型或叶型，成熟度高者，也就是晚几天采摘制成的茶，其成分释出速度就要比早几天采摘者慢（图4.1.2.2c）。

f. 外形紧结度：将外形揉捻成球状的茶，比揉成半球状或条状的茶，其成分释出的速度要慢（图4.1.2.2d、4.1.2.2e）。

g. 条索紧结度：这是指每一片芽或叶被揉捻成的紧结度，不管它的外形被揉成什么样子。条索紧结的茶，表示其嫩度高，能够释出的成分足，但释出的速度会比较慢，除非有其他如重揉捻、重发酵、重焙火等造成成分释出速度快的因素加在一起（图4.1.2.2f、4.1.2.2g）。

h. 发酵程度：茶青在制作时氧化程度愈高者，释出速度愈快，如红茶（图4.1.2.2h、4.1.2.2i）。

4.1.2.2d

4.1.2.2e

外形紧结度高的茶（4.1.2.2d），成分溶出速度慢

4.1.2.2f

4.1.2.2g

条索紧结度高的茶（4.1.2.2f），成分溶出慢，持续性高

4.1.2.2h

4.1.2.2i

发酵重的茶（4.1.2.2h），成分溶出速度快

i. 萎凋程度：发酵时萎凋程度愈重，释出速度愈慢，如白毫银针，但有其他如重发酵、重揉捻等造成释出速度快的因素加在一起时，结果就相反了（图4.1.2.2j、4.1.2.2k）。

4.1.2.2j

4.1.2.2k

两者的萎凋皆重，但图4.1.2.2j之红茶增加了重发酵与重揉捻

j. 揉捻程度：叶细胞被揉破的程度愈高，不论是香气还是滋味的释出速度都会比较快（图4.1.2.2l）。

4.1.2.2l 从上至下，揉捻的效应愈来愈重

k. 焙火程度：成品茶经焙火加工时，火候愈重，释出的速度愈快，尤其是经过数次焙火的茶（图4.1.2.2m）。

4.1.2.2m 从左到右，焙火的效应愈来愈重

l. 陈放年份：同一种茶、同样的陈放条件下，陈放年份愈多的茶，浸泡时成分释出的速度愈快。

m. 渥堆情形：经渥堆使其产生后发酵的茶，成分释出速度要比未经渥堆的茶来得快。其快的程度还与渥堆的程度成正比，也就是渥堆愈厉害，释出速度愈快。当然，还是要在同一质量的茶内做比较。

n. 虫咬情形：茶青经虫叮咬过后（一般都指被茶小绿叶蝉咬过），制成的成品茶会比较僵硬，虫咬得愈厉害，僵硬的程度愈明显，茶成分释出的速度就愈慢。

3. 香性

①同样香型间的不同香性

香性是指茶香显现的风格与特性，这与香的多寡、强弱与持续性有别。如同样香气强度的两种茶，一种是龙井，一种是铁观音，所显现的香性当然不一样，前者是“菜香”型，后者是“花香”型，这是因为它们分属于两种不同的“香型”。进一步来说，如果这两种茶都是属于同香型的绿茶，但一种是蒸青的玉露，一种是炒青的龙井（图4.1.2.3a、4.1.2.3b），显现的“香性”也会不一样，前者较具割草皮的香，后者较具炒青菜的香。这种香性的不同是来自于杀青方式的不同。

②同样香强度与持续性的不同香性

如果两批同样香气强度、持续性的成品茶，也都是同一制

4.1.2.3a 蒸青的玉露

4.1.2.3b 炒青的龙井

作方法制成，例如同样的两批铁观音，但喝起来却是不同风格的香性，分析的结果可能是制茶原料上使用了不同茶树品种所造成，每一茶树品种都有它品种上的特有风味。

③不同产区的不同香性

有些茶友在喝茶时会谈论到某批茶是哪一个山头的茶，因为不同的产茶区会有不同的日照与气候形态，生长出来的茶青风味也会不同。茶青的品质风味还受到生长土壤很大的影响，如我们强调武夷山的茶叫“武夷岩茶”(图4.1.2.3c)，就是因为这个地方的土壤为岩石风化而成的砾质壤土，造就其“成品茶”喝来有股岩石的风味。再一个明显的例子就是广东凤凰一带的

4.1.2.3c 武夷岩茶茶区的岩石风貌

凤凰单丛，每一户人家采摘自家数棵老茶树所制成的茶，几乎都有不同的香气，可以很清楚地被大家公认的茶香特质就有三十几种之多（图4.1.2.3d）。

分项 香型	母茶树介绍		主产地	品质特征	各种茶名归属
	户主	植株树型			
黄枝香	乌岽 李仔坪 文振南	植株高大、树姿开张，树高5.8米，树幅6.8米，主干距地面0.3米处，径周长1.65米，树龄六百多年，为凤凰茶王。	康美 田寮埔	成茶条索紧实沉重，色乌褐油润，汤色金黄，香气浓郁，味道甘醇，老丛味独特，回甘力强，耐冲泡，是著名的单丛茶之一。	乌岽宋茶、石古坪黄枝香、田寮埔粗香、幼香、二茅黄枝香、柿叶、崠门、大柚叶、拔仔叶、尖叶、黄茶香、佳常种。
芝兰香	乌岽 中心肖 文建林	植株高大、树姿开张，树高5.9米、树幅7米，主干距地面0.3米处，径周长1.83米。	凤溪 二茅	成茶条索紧结壮直，香高细锐，汤色澄黄明亮，滋味鲜爽甘醇，较耐冲泡。	乌岽文建林古茶树（瓦厂）、八仙、兄弟茶、棕蓑挟、油茶叶、杨梅香、桔仔叶、崩山种、贡香、丝线、向东种、坎脚种、仙豆叶、盖山香、鲫鱼叶。
桂花香	凤溪二茅 李金鹏	植株高2.94米、树姿半开张、树幅2.3米，主干距地面0.3米处，径周长0.46米。	凤溪 二茅	成茶条索紧直油润，成鳝鱼色，汤色金黄清澈，桂花香气浓郁，滋味甘醇，韵味独特，叶底澄黄明亮，1986年参加商业部评比，以总分99.85分雄居全国参评134个茶样榜首，荣获全国名茶称号。	桂花叶、群体、鸡笼刊。
杏仁香	乌岽下寮 柯义炳	植株高3.5米、树幅4.5米，主干距地面0.3米处，径周长0.52米。	乌岽 下寮	成茶条索紧直纤细，灰褐色，香气尚清高，杏仁香味明显，韵味独特。	锯剁仔、大庵杏仁、成广桃仁。

续表

香型＼分项	母茶树介绍		主产地	品质特征	各种茶名归属
	户主	植株树型			
蜜兰香	乌岽狮头脚魏衍协	树株高大，树姿高4.4米、树幅6.3米，近地面处分生8大分桠，最大距地面0.3米处，径周长为0.52米。	全镇	成茶条索粗大、油润，黑褐色，香气尚清高，汤色金黄清澈，味道近似番薯的香蜜气味。	番薯香、白叶单丛
夜来香	乌岽狮头脚文锡为	植株高大、主干明显、树姿半开张，树高5米、树幅4.3米，主干距地面0.3米处，径周长0.86米。	凤西丹湖	成茶条索紧结，较直，浅褐色油润，具有自然的夜来香花昧，香气浓郁，甘醇鲜爽，韵味独特，汤色金黄明亮耐冲泡。	陂头种
姜花香	凤西中坪张世信	植株较高大、树姿较开张，树高3.9米、树幅4.3米，主干距地面0.3米处，径周长1.1米。	凤溪二茅	成茶条索紧直，较纤细，浅黄褐色油润，汤色金黄明亮，姜花香气清高持久，味道鲜爽，微甜中稍带生姜昧，韵味独特，耐冲泡，是凤凰山名单丛茶之一。	山茄叶、竹叶、通天香、大胡蜞、团树叶、水路仔、雷扣柴、火辣种、姜母香、大乌叶、海底捞针、蟑螂翅。
肉桂香	凤西七星案张安周	植株高大、树姿开张，树高3.2米、树幅3.5米，主干距地面0.3米处，径周长0.85米。	凤溪二茅	成茶条索紧结，灰褐色，香气尚清高，汤色金黄，滋味甘醇爽口，具有中药材肉桂之香味，耐冲泡。	蛤股捞、过江龙
茉莉香	凤溪庵角黄伟建	植株高3.4米、树幅3.2米、树姿半开张，主干距地面0.3米处，径周长1.43米。	凤溪二茅	成茶条索紧卷，乌褐色较油润，汤色澄黄，茉莉花香味尚清高，滋味甘醇，山韵味较浓，耐冲泡。	
玉兰香	福北官目石魏立民	植株高2.8米、树姿开张，树幅3米，主干距地面0.3米处，径周长0.7米。	凤北苦竹坑福北官目石	成茶条索紧直，乌褐色，玉兰花香气清高持久，汤色淡黄明亮，滋味甘醇。	官目石玉兰、凤北蜜兰

4.1.2.3d 凤凰单丛十大香型简介

④不同季节的不同香性

不同的季节也会造就成同种茶叶不同的香性。春茶有春茶的风味，夏茶有夏茶的特质，秋茶有秋茶的特殊香性而被称为“秋香”，冬茶有冬茶的风格而有“冬片”的特殊称呼。

⑤不同制茶师傅的不同香性

香性还受到制茶师傅个人的特殊制茶手法的影响，在上述因素都雷同的情况之下，甲师傅的茶就有甲师傅的风味，乙师傅就有乙师傅的风格。这点在成品茶的焙火加工上更是明显，同样的一批初制茶进了两家茶行，经这两家茶行不同焙茶师傅的精制后，往往形成了不同客人追逐的对象。喝惯甲家茶的客人就是喝不惯乙家的茶，但事实上是同一批毛茶精制而成的。

⑥香性的单纯化

那么多影响香性的因素，在老茶客说来是品茗上的一大乐趣，但在现代大量生产的企业经营形态下将会逐渐被消灭。因为尊重、保留那么多种“香性”会使产品太过零碎，制作、库存、行销上造成很大困扰，同时增加许多经营成本，所以在成品茶的精制阶段，就以“拼配”的手段将质量、风格相近的小批量茶拼配在一起，大量减少成品茶的类型与等级，因此纯粹的单一品种茶、单一的季节茶、单一的山头茶、单一的师傅茶都将减少到只剩下商家品牌下的茶类与等级。

（三）味，从味道的差异来解读茶叶

我们在形容茶味时，经常会说："这茶淡而无味。""这茶太苦涩。""这茶太苦。""这茶太涩。""这茶好甘。"

1. 味薄的问题

先说"这茶淡而无味"。这很可能在说这杯茶泡得太淡了，水可溶物溶出太少，于是显得淡而无味。但这层意思不在我们"识茶"的范围之内，我们识茶时要求茶汤要泡到足以代表该成品茶的质量，若是如此，"这茶淡而无味"就代表着这泡茶的质量差，水可溶物含量太少。原因可能是茶青采得太老，太老的茶青，其儿茶素、咖啡因等主要成分含量较少，制作完成后，就会有味淡、味薄的现象。这种成品茶从茶青的老嫩可以看得出来，一定是长得太过成熟才采摘，若从泡过后的叶底观看，更是明显。

另一种淡而无味的原因是制作时，杀青前的萎凋有过"失水"的现象。茶青制作时都会让其或多或少地消失一点水分，其目的在不发酵茶是增加香气，在发酵茶是为引起发酵，若这时的水分消失得太猛，可能是温度高、湿度低，让制茶人员措手不及；也可能是纯粹人为的疏忽。萎凋时水分消失得太多太快，后头形成茶味的条件就无法达到（如无法进行良好的发酵），于是便会造成"淡而无味"的后果。

2. 味重的问题

再说“这茶太苦涩”。这话的意思是指该杯茶喝起来又苦又涩。这大部分都是因为泡得太浓的关系，若不是，那就是茶本身的特质，或是制作技术不良，或是天候因素造成的。

若属茶本身的因素，经常与茶树品种有关，有些品种就是因为苦涩味重而形成口味重的成品茶特色。市面上的凤凰单丛即是属于这种风格的茶。除了喝惯这种茶的闽粤一带人士，其他人经常会嫌它的苦涩味太重。遇到这种情形，可以将浸泡的水温降低一些。

另一种原因是没有选对茶树品种的“适制性”，如云南大叶种的茶树，用以制作普洱茶，在经过适度的后发酵与陈放之后，口感会变得相当醇和；但如果用它制作轻、中发酵的乌龙茶，苦涩味就会显得太强烈。

至于制作技术部分，如果萎凋期间造成“积水”的现象，也就是茶青水分消失得太慢，叶缘部分都已氧化变红，中间部位仍然呈饱水的现象，这样制成的茶就容易显得苦涩味太重。这种制作过程的缺失也包括天候的因素，例如阴雨的气候，相对湿度太高，茶青的水分蒸发不易，也是容易造成萎凋时的积水而造成成品茶的苦涩味偏重。

3. 味苦的问题

至于说“这茶太苦”，是指这泡茶单纯苦味重的意思。这种现象大部分是茶树品种与制茶方式造成，而且几乎变成了该种茶的特有风味。如同样都是制成扁平形的绿茶，杭州西湖一带用当地传统品种制成的龙井茶，其苦味就很低，即使高温浸泡也不会变得太苦；但台湾三峡以当地青心柑子的品种制成的三峡龙井，苦味就重得多，更经不起高温冲泡，否则苦得难以入口，但它却容易制成如轻度发酵的微花香型的绿茶。

这种偏苦味的现象除上述所说的品种关系外，在必须经过轻度或中度萎凋的部分发酵茶上最容易发生。至于后面要谈论的“偏涩味”，则是容易发生在重度萎凋的部分发酵茶（如白毫乌龙）与全发酵茶（如红茶）上。所以苦味变成了轻、中发酵茶（如包种茶、铁观音、冻顶乌龙、武夷岩茶、凤凰单丛等）的特征，涩味变成了重发酵茶与全发酵茶的特征。

4. 味涩的问题

太涩的问题在上一段已经说过，是重发酵与全发酵茶的共同特征，尤其是全发酵的红茶，所以才演变成喝红茶时加入乳品的做法。红茶也变成了餐桌用茶，作为清洁口腔、隔味道的风雅饮料。红茶不只涩感重，还要有强烈的滋味，使得加了乳品之后才不至于味道变得太弱，在清洁口腔、隔味道的功能上也才能够发挥得完善。至于红茶的芳邻，重发酵的乌龙茶，如白毫乌龙，涩感也是它的特征之一，但它的风味就不求“重”，所以涩感应该只是轻微而已，这轻微的涩感我们就称它为“收敛性”，所以我们经常可以听到有人说：“白毫乌龙具有收敛性。”

5. 味甘的问题

“这茶好甘”的反应是说这泡茶的甘味特别明显。遇到这种茶汤，我们首先要认清这“甘”是正常的甘还是不正常的甘。通常茶的甘味不会太强烈也不会转变成甜味，如果是这样的甘味，我们要留意是否属于“调味茶”，也就是加了其他植物或人工甘料。如果还属正常范围，只是甘味特别重，那可能是发生在下列数种茶况之中：

一是施用氮肥特别多，尤其是采青之前茶园又采用遮阴（图4.1.3.5a）。这样的茶青制作成的成品茶就会在甘味上表现得

4.1.3.5a 采青前茶园之遮阴

特别明显，如蒸青绿茶的“玉露”以及准备研磨成抹茶的“碾茶”。

二是高海拔茶园制成的茶。由于气温凉爽、日照时间不长，所以茶青累积的氨基酸含量高，以之制成的成品茶在甘味上就比较突出。因此“高山茶”的认定就以甘味的多寡作为指针。

三是品种的关系。有些茶树品种的氨基酸含量较高，以这些品种的茶青制成的成品茶就会喝起来比较甘，如浙江的安吉白茶（图4.1.3.5b）就是这样的例子。

4.1.3.5b 安吉白茶（绿茶）

（四）形，从揉捻的轻重来解读茶叶

成品茶有各种不同的外形，这些都与揉捻的轻重与方式有关。另一项显现揉捻轻重的表征在于叶细胞被揉破的程度。

1. 从成品茶的外形看揉捻

成品茶的外形，若依紧结程度排序，从松到紧可有下列数项类别：

①银针状：抽芽心为原料制成的茶，芽心满披茸毛，制作时只是轻轻翻拌，几乎没有施以压力进行揉捻，所以成品茶的外形有如从树上采摘下来的样子，而且白毫明显。这类茶如高档的黄山毛峰（绿茶类）、白毫银针（白茶类）、君山银针（黄茶类）等（图4.1.4.1a）。

4.1.4.1a 银针状的茶

②原片状：采摘叶片或一心一二叶为原料，制作时或是不发酵，或是重萎凋轻发酵。为保存植物原本的风味，尽可能少加揉捻，于是制成后有如干燥后的落叶一般，是叶片或芽叶自

然干燥后的外形。前者如绿茶类的六安瓜片，后者如白茶类的白牡丹（图4.1.4.1b）。

③松卷状：以划弧形的手势挥锅轻揉，使茶青外形成螺卷状，但条索并未压实。这已从前面两类的“几乎不揉”进入到“轻揉”的地步。如绿茶类的碧螺春、径山茶、蟠毫等（图4.1.4.1c）。

4.1.4.1b 原片状的茶

4.1.4.1c 松卷状的茶

④剑片状：揉捻时以直线形来回滑动的方式进行，施以较重的压力，因此成品茶的外形有如剑片一般。如蒸青绿茶的煎茶、炒青绿茶的龙井等（图4.1.4.1d）。

⑤针状：揉捻时以直线形来回滚动的方式进行，这时叶细胞的揉破率已逐渐增加，成品茶的外形有如绣花针一般。常见的此类茶有蒸青绿茶类的玉露、炒青绿茶类的雨花茶等（图4.1.4.1e）。

4.1.4.1d 剑片状的茶

4.1.4.1e 针状的茶

⑥条状：这是以划大圆形状的手势，施以轻重不等的压力揉捻而成，务使干茶形成不规则的瘦长条状，且条索力求紧结。在不发酵茶类有眉茶，在后发酵茶类有普洱茶，在部分发酵茶类有包种茶与白毫乌龙，在全发酵茶类有条形红茶等（图4.1.4.1f），其中条形红茶在此类揉捻形态中所施的压力与揉捻的时间最长，是属于重揉捻的茶，其他三种则为中揉捻。

4.1.4.1f 条状的茶

⑦球状：这是在使茶青皱缩的“初揉”以后再加以“精揉”，使成品茶形成球状的揉捻方法。绿茶类的珠茶在精揉时是以滚圆的方式进行，求其轻、中揉的效果，叶细胞揉破的比例并不高；乌龙茶类的铁观音、冻顶乌龙在精揉时则是以“包布团揉”的方式，用布将初揉、初干的茶青包成一坨一坨的，再以较长

的时间与较重的压力，分次加以同一方向的搓揉。经包布团揉的茶已属重揉捻的范围（图4.1.4.1g）。

⑧碎角状：这是碎形红茶（图4.1.4.1h）的特有做法。在重

4.1.4.1g 球状的茶

4.1.4.1h 碎角状的红茶

萎凋、全发酵、重揉捻的情况之下，于揉捻的同时将茶青切碎成细角状。碎形红茶是便于加工成小袋茶使用者（图4.1.4.1i）。

⑨块状：将揉捻成的初制茶经“蒸”“压”成各种形状的紧压茶，如饼状、砖状、球状、碗状等（参见图4.1.4.1j）。揉捻的轻重虽视初制时的揉捻而定，但经蒸、压与慢慢干燥、陈放间，

4.1.4.1i 将碎角茶加工成小袋茶

4.1.4.1j 块状的茶

也会造成有如揉捻般的效应，所以将之列为揉捻的一环，就揉捻的轻重而言，增加了紧压的制程，揉捻的效果会增加一级。各种不同的茶类都可以压制成块状茶。

“揉捻”的轻重造成“成品茶”香、味频率上的不同，轻揉捻者，频率较高；重揉捻者，频率较低。可将揉捻视为是对茶青的一种折磨与历练，折磨与历练愈低者，有如年轻人，涉世不深，天真活泼可爱；折磨与历练高者，有如中老年人，历经沧桑，风格变得老成持重。

2. 从叶细胞被揉破程度看揉捻

上面说过揉捻的轻重可依叶细胞被揉破的程度而言，被揉破的比例愈高，就表示揉捻的程度愈高。这可从泡开后叶底的皱褶度判断出来（图4.1.4.2a、4.1.4.2b）。但近来有种为“冷泡法”

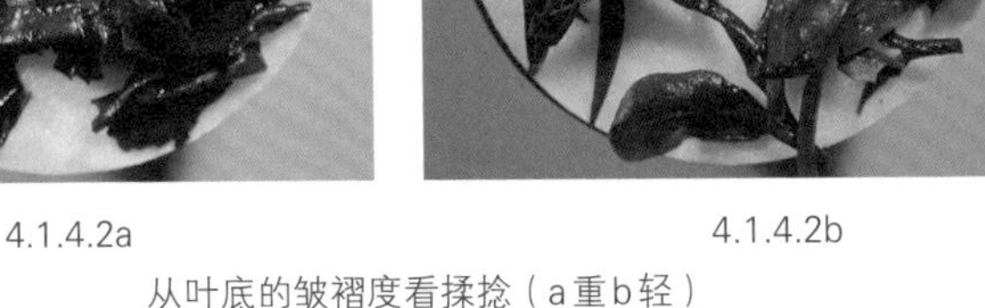

4.1.4.2a　　4.1.4.2b

从叶底的皱褶度看揉捻（a重b轻）

特制的茶叶，为便于成分的快速溶解，在制程中就将叶细胞壁弄破，这样的做法在成品茶风格上的塑造是与揉捻不同的。揉捻是压搓茶叶，有如揉面一般，如欲加重揉捻的效果，则增加压力，增加时间，甚至于增加温度。传统熟火铁观音的制作就是一面焙，一面揉。每次打开包布团揉的布巾，松解茶叶，加热后再次包布、再次揉捻（图4.1.4.2c）。这样经过十个或二十个回合，才算大功告成。经过如此压力、扭力、热力折磨出来的茶叶当然韵味十足。

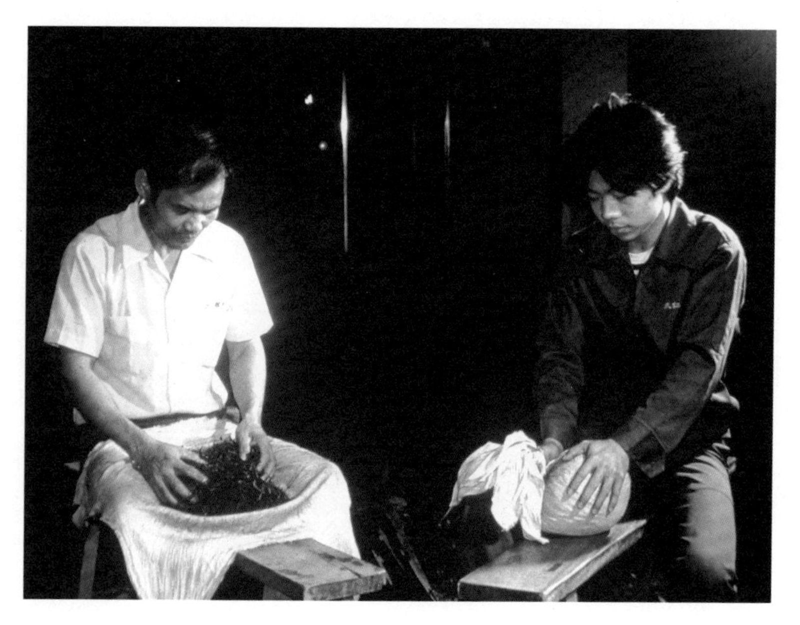

4.1.4.2c 包布团揉。揉一揉后，解块（图左）再揉

（五）嫩度，从茶青成熟度来解读茶叶

先民们在茶的制作上有了珍贵的发现，发现采摘茶枝“成长期”与“成熟期”的嫩芽或嫩叶做成的茶有不一样的风格，于是现在有了所谓“芽茶类”与“叶茶类”的成品茶分类。

1. 成长期与成熟期的茶青

成品茶是采摘茶枝顶端的嫩芽或嫩叶为原料制作而成（图4.1.5.1a），底下的老叶是无法制成饮用茶的。然而在茶枝顶端

4.1.5.1a 茶是采摘嫩芽与嫩叶为原料制作而成

4.1.5.1b 茶枝长熟后，留在顶端的“驻芽”已不再抽长

的嫩芽或嫩叶还区分为“成长期”与“成熟期”。成长期就是茶枝继续成长的时期，这段时间，茶枝的顶端一定有嫩芽的存在，因为嫩芽成长，开面成叶后，又会有新芽长出，如此继续不断。但是成长到一定程度，茶枝就会长熟，顶端嫩芽开面成叶后，新芽不再抽长，而仅有一点芽头停留在顶端，被称为“驻芽”（图4.1.5.1b）。“成长”期间采摘顶端的嫩芽、嫩叶为原料制

成的茶类称为芽茶类。这时的原料可只摘取心芽，制成的茶就是市面上所看到的白毫银针、君山银针等。也可以在“一心夹二片未展叶”的时候将之摘下，制成的茶就是市场上所谓的雀舌。如果心芽连同早先的一叶、二叶或三叶同时摘下，就是所谓的一心一叶、一心二叶、一心三叶……茶枝“成熟”后，马上采摘顶端的芽或嫩叶为原料制成的茶类就称为叶茶类。这时的顶芽如果才初展，应可采到顶端的三叶，即所谓的“对口三叶”，如果顶芽已半展，那就只能采到顶端的二叶了，就是所谓的对口二叶，如果勉强多采一叶，恐怕就要影响到成品茶的质量了。

2. 不同茶青制成不同种茶

芽茶类的茶一般在制成后的香、味上显现得比较细致，适合制造不发酵茶的绿茶、后发酵茶的普洱茶、部分发酵茶的白茶与白毫乌龙、全发酵的红茶。叶茶类的茶在制成后的香味上会显得比较粗犷，适合制造部分发酵茶的轻、中发酵茶，如包种茶、冻顶乌龙茶、铁观音、武夷岩茶、凤凰单丛等。只有叶茶类才适合于以“焙火”作为改变茶品质特征的“加工”手段，这类茶被称为“熟火乌龙”。

在芽茶类中有一种茶较为特殊，它是在芽茶的原料基础上，如一心二叶，选取其中的第一叶及第二叶做原料，然后制成的一种茶，这种茶称为“瓜片”(图4.1.5.2)；剩下的芽心就将它制成毛峰。这样的茶类是以不发酵茶的方式制作，成品茶具有绿茶的特征，但风格上较为粗犷。

4.1.5.2 摘取一心二叶的茶青之“叶片”制成的“瓜片”

3. 茶青的外形

同样的芽茶类，同样地采一心二叶，有些成品茶的外形看来非常娇小，有些成品茶看来较为粗大，这主要是因为茶树品种的不同。有些品种叶型细小，制成茶后犹如棉絮一般，如太湖碧螺春（图4.1.5.3a）；同样可以制成碧螺春的台湾品种，制成茶后就显得高头大马了（图4.1.5.3b）。在同样品种上，叶茶类方式采摘的茶青就要比芽茶类方式采摘者，在叶型上要大。同样品种、同样采摘标准，树龄未衰老者、土地肥沃者、生长环境优良者，叶型也会大一些。叶型的大小与成品茶质量没

4.1.5.3a 外形细小、多茸毛的“碧螺春”

4.1.5.3b 外形粗大的“碧螺春”

有绝对性的关系。就叶型大小而言，茶树品种上还有大叶种、中叶种与小叶种之分。就树形而言，还有乔木型与灌木型之分，乔木型有着明显的主干，而且可以长成数层楼的高度（图4.1.5.3c）；灌木型没有明显的主干，而且分枝的部位很低，任其

4.1.5.3c 与人一起拍照的是乔木型老茶树

4.1.5.3d 灌木型茶树

生长，高度也仅能一层楼左右（图4.1.5.3d）。不论乔木型或灌木型，如果为了便于采收茶青而以修剪的方法控制它生长的高度（如腰部以下的高度），那高度就不是天生的品种特征了。一般集约式的茶园管理都是采取这样的方式，所以我们看到的茶园大都是矮丛型的。

4. 成品茶的枝叶连理

观看“成品茶”的外形，识茶时还要注意“枝叶连理”的状况，也就是一心一叶、一心二叶、一心三叶……或是对口二叶、对口三叶……的茶青，梗与叶是否连接着，或是有一部分，或是已全部被分离。被摘掉叶子的梗称为茶枝，可以被留在成品茶堆中，也可以被拣剔掉。茶枝是可以泡来喝的，味道淡，但是甘味强，在市场上还有专卖茶枝的呢。

一般说来，芽茶类的茶都是“枝叶连理”(图4.1.5.4a)，叶茶类的茶则讲究“枝叶分离”，为什么呢？因为芽茶类的茶比较细嫩，叶型较小，枝叶连结在一起不觉得太粗大，而且泡开后，一朵一朵婀娜多姿蛮好看的（图4.1.5.4b）。叶茶类则不然，若让枝叶成串连结在一起，外表看起来显得粗大，泡开后更是缠成一团，没什么好欣赏的；若将它们一叶叶分离，枝梗也剪掉，一片片叶子泡在水中还有其英雄气概的光彩（图4.1.5.4c）。

4.1.5.4a 芽茶类的茶都是“枝叶连理”

4.1.5.4b 泡开后的芽茶类茶叶，其枝叶连理的外形

4.1.5.4c 泡开后的叶茶类茶叶，其枝叶分离后的外形

另一个决定枝叶连理或枝叶不连理的原因是干燥与储存上的考量。芽茶类的枝叶细嫩，干燥容易，但叶茶类的枝叶较为粗老，若是枝叶连理，不容易干燥到理想的含水量（如3% ~ 5%），很容易将嫩叶烤焦了，老叶与枝条却还达不到标准，尤其是叶基与茶梗连接的地方。若于揉捻完毕、初干之后将枝叶先行分离，接下来的干燥、复火、焙火就容易得多了。干燥不足，或是回潮性仍然很强的成品茶，在储存与行销中较易产生质量上的变化。现在高档的叶茶类，由于采摘时采摘得很整齐，如对口二叶就都是对口二叶，对口三叶就都是对口三叶，揉捻、干燥后的成品茶即使未将茶梗剔除，外观上也不显得难看，干燥后立即以铝箔袋包装，袋内抽掉空气（图4.1.5.4d），放入冷藏室内储存。这样的做法，即使未将茶梗拣

4.1.5.4d 铝箔袋抽真空等小包装茶

掉，也不致造成太大的问题。但是如果打开铝箔袋后，又在常温之下保存，就不要存放太长的时间。如果要存放成老茶，最好还是枝叶分离后再进行一两次“复火”。

5. 拣梗技术

在枝叶连理的茶况之下要将茶梗从茶叶上分离并行拣出，是相当费时费力的茶叶加工过程。过去以人力为主，现代以机器（图4.1.5.5a）代替部分人工，但都会发生这样的技术性问题：将茶梗从叶片上分离时是不是可以很准确地从叶子基部的

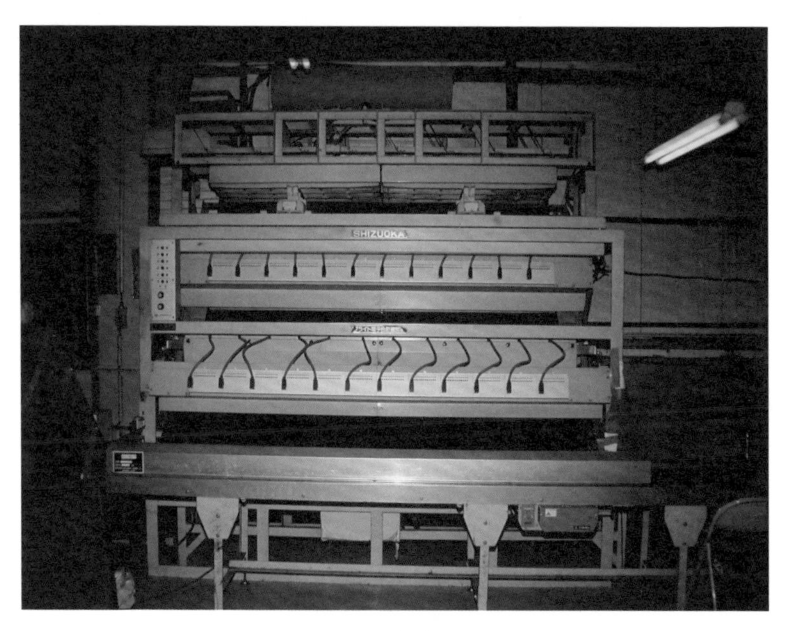

4.1.5.5a 电子式拣梗机

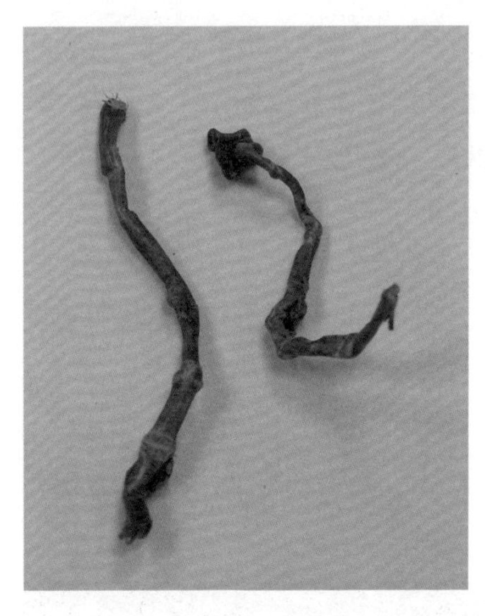

4.1.5.5b 枝叶分离时连同叶肉都拔下了一块（图右）

外缘折断？很多的现象是连同叶肉都拔下了一块（图4.1.5.5b）。这种拔梗技术上的缺失不但减损了正常品的重量，成品茶也增加了破损率。这样破坏了成品茶的外观，减弱了成品茶的存放质量，泡茶时也比较不易掌握正确的浸泡时间。所以不论从成品茶来进行识茶，还是从茶汤来识茶，这点都要列入考虑的项目。

（六）品种，从茶树品种之不同来解读茶叶

1. 茶树品种与成品茶外形

茶树品种可依叶型大小分为大叶种、中叶种与小叶种。各种叶型的品种有其适合制作的茶类，如云南大叶种很适合制作

普洱茶，但用它的心芽或嫩叶制成绿茶与红茶也颇为讨好，如市面上常听到的滇绿与滇红（图4.1.6.1a）。习惯加乳品饮用的红茶，不论是散茶还是小袋茶，最普遍使用的品种是大叶种的阿萨姆，但如果要纯饮者，则较多使用小叶种，滋味不会那么强烈，如祁门红茶（图4.1.6.1b）。武夷山的烟熏红茶也是习惯

4.1.6.1a 由云南大叶种制成的“滇红”

4.1.6.1b 由小叶种制成的“祁门红茶”

使用小叶种，市场上称为正山小种（图4.1.6.1c、4.1.6.1d）。大叶种的叶型较大，所以除了普洱茶外，制作其他叶茶类时常加以揉碎、切碎。识茶时，如果发现这种茶使用大叶种的原料，在香、味上是会显得较为强劲的。

4.1.6.1c

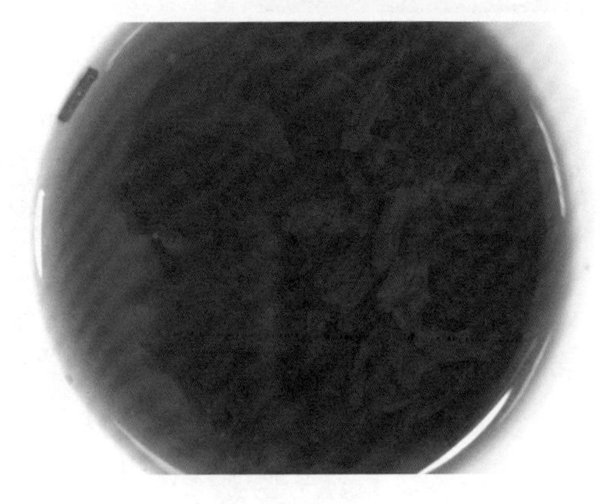

4.1.6.1d

武夷山的烟熏“正山小种”红茶（4.1.6.1c）及其汤色（4.1.6.1d）

2. 茶树品种与成品茶风味

除了叶型大小外，其他品种上的差异都表现在风味上、采收时间上、耐病虫害上、耐干旱与收成量上。风味上的差异是挑选茶树品种最先需考虑的因素，如包种茶与冻顶乌龙茶，清雅飘逸的花香与纯净的滋味是它讨人喜欢的风格，所以“青心乌龙”一直是它首选的原料品种，后来改良的新品种金萱、翠玉，虽在采收期提早了约一个礼拜，耐干旱与病虫害的能力也比较强，同样面积的采摘量也比青心乌龙高，但除了较为明显、夸张的香气之外，二十年来尚无法取代青心乌龙的地位。但由于金萱、翠玉带有那么多的优点，而且香味也独特明显，因此在市场上逐渐以“金萱茶”“翠玉茶”或“金萱乌龙”“翠玉乌龙”占领市场。铁观音也是品种属性比较强的一种茶，大家喝铁观音时就是要找寻铁观音品种特有的那种韵味。事实上在市面上流通的铁观音茶尚使用了其他的品种，如本山、毛蟹、黄棪或四季春，当然从这些品种上就找不到“观音韵”了。除了铁观音之外，水仙茶、佛手茶等也都是以茶树品种名称来命名，这些茶也都是以追求品种风味为其特征。

3. 品种混淆

以品种名称作为成品茶名称最集中的茶区要推武夷山了，武夷山区的茶虽然笼统地被称为武夷岩茶，但自古当地就有多达千种的茶名，如大家经常听到的大红袍、水金龟、铁罗汉、白鸡冠、半天腰（妖）、水帘洞等，既是茶名，又是所属茶树品种的名称。由于都是属于同一类型的制茶法，所以茶的外形、茶的风味都差不多，剩下的只是品种与地域性的差异而已，若不是武夷山茶的常客，若不是白鸡冠的爱慕者，是很难区分出它们的差异性。最近武夷山茶界倡导茶名单一化，拟将武夷山的茶统以大红袍称之。

前面我们曾经说过，单纯的品种茶、单一山头的茶、单一季节的茶，都将逐渐减少，而且各大厂商也都加强初制茶拼配上截长补短的功能，所以不管从成品茶还是从茶汤来识茶，都会愈来愈困难，只有对各环节的专业知识更加深入地了解，才有办法在多重因素交叉的情况之下清楚地“识茶”。

（七）环境，从茶树生长环境之不同来解读茶叶

1. 海拔高低

谈到茶的产地，最常提到的就是茶树生长的海拔高低，也就是所谓的“高山茶”或“平地茶”。在其他条件如纬度、栽培情形、品种、季节等都相同的情况之下，高海拔的茶在滋味上会甘一些，在香气上会高一些，而且叶身比较厚，叶与叶的节间会比较短。

2. 向阳与背阳

同一个山头的茶，向阳的山坡生长的茶会比背阳者的香气

的含量与强度要佳，因为日温差大者有利于香物质的形成。

3. 近海茶区

靠近海边的茶区，由于受到海风的吹拂，制成的茶在苦味上会偏重一些，这样的茶常被称呼为“港口味”，有些茶友喜欢较为强劲的茶味，于是也就形成了特殊风味的一种茶。

4. 路旁茶园

靠近马路旁边的茶园，由于长年受到汽车尾气的侵袭，铅等重金属含量偏高，这是不利于人体健康的成分，但若是其他条件尚佳，制成的成品茶依然讨人喜欢，这是在识茶上不得不留意的。

5. 特殊土壤

如果这片茶园生长在含硒量特高的土地上，制成的茶叶会含有较高的硒，这是对身体有益的稀有矿物质，这样的茶叶就被称为富硒茶。这种茶在饮用时不容易觉得有什么不同，只有从成分分析的时候才会得知富含稀有矿物质。

茶树的成长环境，尤其是土壤，还会造就“成品茶”的特殊香气，例如武夷山茶的砾质壤土风味、凤凰单丛的花香型香气。

6. 栽培方式

成品茶的质量除受茶树生长期间气候因素的影响外，还受人们耕种、栽培方式的影响，例如野放自然生长的茶树可能较集约管理的茶园，制成茶叶的香、味与茶性要明显一些，除非野放茶树的其他遭遇较差。施用化学肥料的茶园也不如施用有机肥者，虽然前者的叶片可以长得很肥大，但滋味、香气与风骨是不如后者的。喷洒农药以防止病虫害、使用除草剂以抑制杂草生长，这种耕作方式就不如以自然生态平衡的方法避免病虫害的发生、使用非药物的方法使杂草不至于妨害茶树的成长，如此不同耕种、栽培方式生长成的茶树，以其茶青制成的茶叶，在茶汤饮用时，其香、味与茶性的表现是后者优于前者的，不但香、味的成分种类丰富、含量多、强度高，而且茶性的特征明显。茶性的特征包括品种特征、土壤特征、气候特征。

7. 生态平衡

上述的自然生态平衡包括茶园开垦时，在适当的地域保留了适量的林木，如此可以调节小区域内的气候与湿度，可以维持昆虫、鸟类的繁衍与栖息，这样的环境之下，才容易让有机农法永续地进行。

8. 环境污染

不利于制茶原料（即茶青）的质量，除了上面提及者外，尚有原本土壤的酸化、重金属的残留、空气的污染（如附近工厂的污烟与废气）以及水的污染（如水源的问题、酸雨的问题、地面水流经污染地的问题）。这些不良的茶树生长环境都会造成以之为原料制成之成品茶的质量。高质量成品茶之香、味与茶性表现是要在良好的原料生长环境下培育出来的。

9. 茶园串种

还有一项茶园管理上的疏忽会造成“单一成品茶”品种的混杂。前面曾经说过单一的品种茶除非特意安排，在“商品茶”上是愈来愈不容易获得了。即使特别吩咐不要在“品种”间进行“拼配”，但很可能在茶园里就已经混杂了。老式的茶园不重视品种的单一化，只要适制性相近者都混杂种植在一起而形成所谓之“群体品种”。但近代追求单一品种的茶园仍然有混杂的现象，原因是茶树种子掉落，就地发芽成长，未被拔除而夹杂其间。由于茶树是杂交作物，以其种子繁殖的下一代很可能已变了种。若在园间未能及时拔除，就会在成品茶上发生品种混杂的现象，这点在识茶上不得不注意。

（八）时间，从成品茶的年龄来解读茶叶

1. 树龄与成品茶

在说到成品茶的年龄之前先回顾一下茶树年龄对成品茶的影响。茶树在青壮年时期，也就是扦插育苗定植后三年到十年

左右，是茶树生命力很旺盛的阶段，这时制作成的茶叶在香、味上都显现得很丰盛而强烈，所以参加成品茶比赛时，大家都会采用较为年轻茶树的叶子。但是十年以后，如果不是修剪、采收造成集约式茶园的提早衰老，应是茶树的成熟期，这时的茶青应是可以很好表现品种风味的时候。成熟期的茶青制成的茶叶，应该在茶性上，尤其是品种特征上表现得更为突出。之后随着茶树年龄的增长，只要地力与耕种方式没有削弱茶树的生命力，茶性的综合特征，包括品种、气候、土壤，都将表现得更为细致。饮用时，初接触或许会觉得没有青少年期的茶树那么有劲，香、味那么突出，但细品之后、冲泡几次之后，不难发觉香、味的持续性较为绵延，茶性特征较为清晰，所以自古老茶人对老茶树即情有独钟。日本抹茶道中的“浓茶”(泡得很浓的抹茶)，就强调要用百年老茶树的嫩芽制成；“薄茶”(泡得比较稀薄的抹茶）则没有这样的要求。

2. 成品茶的年龄

至于制成茶以后的陈放，就是属于成品茶的年龄了，成品茶是已经制作完成，可以泡成茶汤饮用的茶。这时的茶，经过一段行销期间的陈放，或是有意陈放一段时间再销售，都是属于现在要述说的“年龄”。故意陈放个一年半载再行销售，是为使新茶产生“后熟”，使成品茶的香、味与茶性更为成熟稳定；故意陈放个五年、十年再行销售或再行饮用，则是为使新茶变成

“老茶”。这时的成品茶或许已经过多次的复火，这时成品茶的色、香、味与茶性都起了变化，变得比较低频，比较温和，喝了以后身体也变得比较温暖。

3. 成品茶的陈放

成品茶的陈放要在常温、常态的环境下陈放，不必在冷藏室内，不必在抽掉空气的情况下，但要防尘、防虫、防异味、防阳光。至于储存地方的湿度，如果相对湿度经常在80%以上（如中国江南，尤其是底层的楼面），就要特别注意防潮措施（如密封，或移往较干燥的地方），但不要抽真空。如果相对湿度经常在40%以内，表示空气极为干燥，密封就变得比较不重要，但老化的脚步会迟缓下来。老化的速度缓慢并不是不好，只是叫人等得不耐烦。如果是陈放普洱茶，可在架子上放一杯水以增加湿度；如果是其他种类的茶，正是很理想的储存环境。

4. 催化式老化

陈放普洱茶时，为让茶快速老化，有人故意增加湿度、增加室温，也就是所谓的“湿仓”做法，结果陈放后的品质会大幅度下滑。这种陈放方法在非普洱茶类是万万不可的。相对于“湿仓”，依正常做法的陈放就叫“干仓”。普洱茶“渥堆”前的喷水是为了引起渥堆的后发酵效应，还不属于陈放的范围，当然也不能以“湿仓”视之。

5. 陈放与成品茶质量

成品茶的陈化是为改变成品茶的品质特性，使香、味与茶性变得比较醇和、温暖，但不能危害到成品茶原有的质量。如果损伤到原有的质量时，就是陈化的终点，再继续陈放下去只会愈放愈差了。这个陈放期间的最高点依陈放的条件而定，原则上干燥度愈高、湿度愈低，可以陈放得愈久，三十年、五十年都可以陈放得下来。但为求老化的速度，陈放的温湿度只好提高。

（九）叶底，从泡开之茶叶印证各项事实

1. 赏茶、评茶、识茶的六个阶段

泡开的茶叶称为叶底，看叶底是欣赏茶、评鉴茶、识茶的最后一道程序，也是总结的一道程序。不论是欣赏茶，或评鉴茶，或识茶，都可以从赏茶、浸泡、观色、闻香、赏味、看叶底这六道过程中进行各个关节的了解。赏茶，就是从成品茶的“外观”察看，可以看出茶的外形大小、完整度、揉捻状况、陈放年份、枝叶连理的情形等。成品茶冲了水，浸泡其间，我们从茶叶舒展的速度与茶汤溶出可溶物的状况可以知道茶青的老嫩、焙火的轻重、水可溶物溶解的速度与分量等。等浸泡到一定时间，茶汤从茶渣分离了出来，我们从茶汤的汤色可以知道茶叶的发酵程度、焙火程度与质量的状况。然后打开冲泡器的盖子，闻闻成品茶被泡开后的香气，我们知道了这泡茶的香气

强度、香型种类以及茶性所显现的种类信息。到了这时候，茶汤温度已经下降，是品尝滋味的时候了。茶香溶解于茶汤的情形、茶味的组配状况、茶汤的稠度、茶汤所表现的该泡成品茶之茶性……都可以在品饮茶汤中一一体会。喝完了茶汤，将叶底从冲泡器中倒出，这时茶叶已舒展开来，毫无保留地展示它的一切。前面所发现的种种都可以在叶底上求得印证，再一次确认先前所做的种种判断。这时，如果是“品赏”，可以将茶欣赏得很完整；如果是“评鉴”，可以做个准确的判断；如果是“识茶”，一些无法从茶干、冲泡、茶色、茶香、茶味间认知的项目就可以在这时候得到答案。

2. 从叶底看出什么信息

从泡开的叶底可以求证到该泡茶的发酵程度、后发酵方式、复火与焙火的情形、揉捻的程度、茶青采摘的方式、茶青成熟度、茶青完整度、枝叶连理的情形、茶树品种及其生长的环境、渥堆以及陈放的情形……

条索破碎的原因要从叶底才容易判断出来，如果茶叶是破碎的，而断口的颜色没有什么不一样（图4.1.9.2a），这证明破碎是在“成品茶”制成后才发生的；如果断口的地方变红了（图4.1.9.2b），表示这破碎是在发酵之前就已发生，因为断口的地方先行发酵，有如伤口留下了疤痕。我们也可能在叶底上发现茶青的中间破了一个洞，如果这破洞的边缘没有什么颜色上的

4.1.9.2a 制成后才发生的“断口”

4.1.9.2b 发酵之前就破碎的“断口”

变化，证明这洞是在制作完成后才破的；如果这洞的边缘已起了颜色上的变异（图4.1.9.2c），就证明这洞是在制作完成之前发生的，比如可能是被竹篓子的竹签给戳破了。

茶青的失水现象在观看叶底时也比较容易发现，失水的叶

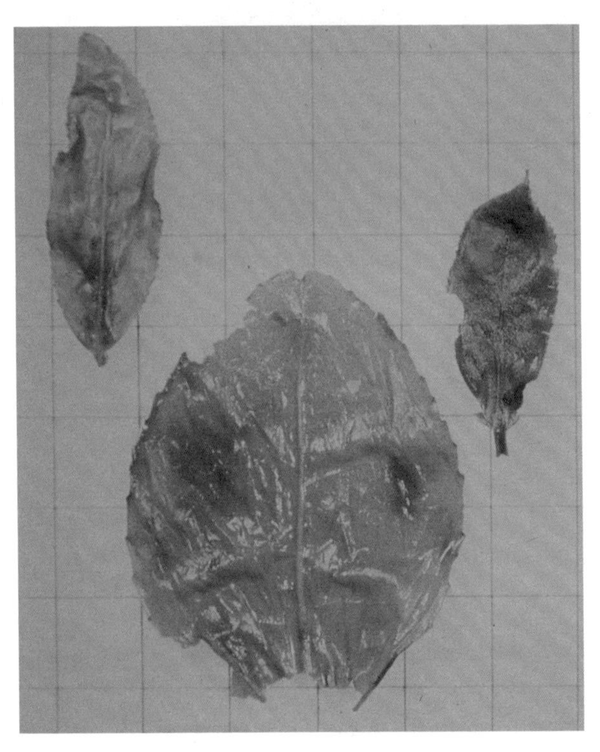

4.1.9.2c 这破洞是采青时就发生的

4.1.9.2d“失水”的叶片有如未被水浸湿

4.1.9.2e 萎凋良好的叶片，泡开后的透光度良好

子会显得未被水浸湿的样子，柔软度差（图4.1.9.2d）；积水的叶子，经水泡开后，其透光性较差，不像其他萎凋良好的叶子那么亮丽（图4.1.9.2e）。

茶树的品种在成品茶被浸泡开后也是比较容易被识别的，每一品种的特质往往会显现在叶形、叶脉、叶尖与叶缘锯齿的长相上。我们如果无法识别出各种茶树的品种，至少我们可以知道“该泡茶的品种是单一，或是混杂”。品种混杂的成品茶，叶底显现的是形态不一。

二、属于茶叶质量的部分

1. 地理环境

对同一茶树品种而言，在适合它生长的茶区里，海拔高一点时，茶青质量会好一点。但海拔高到一定程度，如高到秋冬季已影响到茶芽的生长，或是下雪下霜而影响了茶树的存活，就不是愈高愈好了。高度增加后，茶青品质提高了，但产量也减少了。若是平地一年可以采摘六次，海拔提高后可能只能采摘四次，甚或只能采摘二次。

2. 采摘部位

采摘部位之影响茶青的质量包括了是否采对“芽叶类型”以及老嫩的“整齐度”。所谓芽叶类型，是指所采的茶青应为芽茶型或是叶茶型，芽茶型就要是芽茶型，叶茶型就要是叶茶型，否则制成成品茶后的质量就会大打折扣。至于老嫩的整齐度，就是同一批茶青，其间老嫩的差距不能太大，如果是采一心五叶，那心芽与第五叶的老嫩差距就太大；如果改成采摘一心二叶，或是一心一叶，那老嫩的差距就缩小了；如果是只摘心芽，那茶青的老嫩程度就最统一。

另外造成老嫩不一的原因是茶园管理不佳，同样一片茶园，有的地方已开面，有的地方还在抽芽。如果再遇到采青工人的挑选能力不够，或是只图采青的重量，采下来的茶青难免老嫩相去甚大。这样的原料不论萎凋或发酵，不论干燥或焙火，都是顾到了嫩的顾不到老的，制茶的结果当然不佳。

采青包括手采与机采，有人说机采不如手采，主要的原因就在于采收下来的茶青老嫩整齐度不一。如果茶园管理良好，新长出的枝芽非常整齐，机器采收下来的茶青就会老嫩很一致（图4.2.2）。如此的机采不但老嫩整齐度高，而且有能力于最适当的时辰将茶青采下。机采有机采的优势。

3. 采制季节

各类茶有不同的适制季节，高质量的茶一定采制于适当的季节；不适当的季节生产茶叶，只是在增加产量，提供一些低质量的产品。

不发酵茶、轻中发酵的茶，春天是最好的采制季节，不论

4.2.2 双人式采青机

是芽茶类还是叶茶类。这其中的不发酵茶，不只是要春季采制，还要早春采制。所谓早春采制就是常说的“明前茶”，也就是清明以前采制的意思。每年开春之后就会有茶行贴出“明前龙井上市”的广告，价格当然也是一年之冠。至于轻、中发酵茶就不抢早了，反而到了晚春才是最好的采制时间。因为轻、中发酵的茶都是属于叶茶类，叶茶类就是要等茶枝成熟些才采，所以强调的是“雨前茶”，要谷雨前后才采制。谷雨已到了阳历的四月二十日左右，所以称为晚春。适于早春采制的是绿茶与黄茶，如龙井、碧螺春、毛峰、君山银针、霍山黄芽之类，适宜晚春采制的是叶茶类的乌龙茶，如包种茶、冻顶乌龙、铁观音、武夷岩茶、凤凰单丛之类。晚春采收的茶青还适制那些虽属芽茶类，但已需要些许发酵的茶类，如白茶类、普洱茶类等，因为它们还属于芽茶类，所以要在茶青开面之前采摘。到了秋、冬季，还是采制轻中发酵茶的适当季节，尤其是冬季。以休眠期之前的叶茶型茶青制成的这类茶叶，有股特殊的香气而被称为“秋香”，晚一点的茶青还特别被称为“冬片”。

至于重发酵与全发酵的茶，如白毫乌龙与红茶，就要等到初夏的第一轮茶芽冒出的时候才是采制的最佳季节。其他的季节当然也可以采制，只是品质差一些，价格差一些而已。重发酵茶的白毫乌龙还要配合初夏这个季节的“茶小绿叶蝉”的大量繁殖，好采摘被茶小绿叶蝉叮咬过的茶青作为原料（图 4.2.3），制成含有蜜香的高档茶“东方美人”。

4. 制茶气候

气候影响制茶的效果甚大，有人强调制茶要“天、地、人”配合得好才能制出好茶，“天”就是指气候，“地”是指茶树成长的环境，“人”是指制茶的技术。

制茶的气候包括采青的气候与制茶的气候。采收茶青的日子不要在多日下雨之后，否则茶青的含水量太高，不容易做出好茶。采青当天如果还下着雨，那采得的茶青就是所谓的“雨

4.2.3 茶小绿叶蝉叮食茶芽

水青”，必须要将茶青表面风干才可以进行下面的各项制程。制茶当天的气候更是重要，如果是阴雨天，没有阳光进行日光萎凋，乌龙茶会失掉应有的香气锐度；没有阳光进行晒青（干燥），普洱茶会失掉后氧化后木香的强度。湿度太高时，容易造成茶青萎凋时的“积水”；湿度太低时，容易造成茶青萎凋时的“失水”。气温太高时，容易造成发酵过度；气温太低时，容易造成发酵的不足……为减少不良气候对制茶的干扰，现代化的制茶

4.2.4 控温、控湿的现代化制茶工厂

工厂都装设了温控与湿控的设备（图4.2.4），然而阴雨天在茶青所造成的缺失，以及缺乏阳光在香气形成上所造成的缺点都是难以人为的方式补救的。

5. 采摘时辰

采摘时辰是指茶青采摘的时间。太早采摘，露水未干，这样采摘的茶青制造成的茶，不论是绿茶、普洱茶、乌龙茶还是红茶，都不那么香；太晚采摘的茶青，已无适当的时间可以从事萎凋、发酵等制程，进入深夜后，萎凋发酵的效果就不如白天，这样制成的茶，其香气比较薄弱，所以露水干后到黄昏之前是采摘茶青最适当的时辰。同样一片茶园，同样的采茶工人，不同时辰采摘的茶青，其身价是不同的，但将人力只集中在这段时间采青是不符合经济效益的，所以也造成了好茶价高的原因之一。露水未干的茶青对古人来说不那么重要，宋代人采下芽心后还泡于冷水中以防氧化，所以历史上有天未亮就上山采茶的记录（图4.2.5）。

陆龟蒙①《茶笋》

所孕和气深，时抽玉茗短。
轻烟渐结华，嫩蕊初成管。
寻来青霭曙②，欲去红云暖③。
秀色自难逢，倾筐不曾满。

注释：

①陆龟蒙（？～约881）：唐代文学家，江苏吴县（今属苏州）人，曾任苏湖两郡从事。②寻来是指上山采茶。青霭是指山上青色的云气。曙是指破晓的时候。③欲去是指采完茶下山。红云指朝霞。

4.2.5 陆龟蒙《茶笋》

6. 树龄

茶树年龄与茶青质量的相关因子有：年轻的茶树，茶青的香、味成分丰富；成熟的茶树，茶青的品种风格明显。年轻的茶树，生命力旺盛，长势良好，茶青收成量大；成熟的茶树如果地力不佳，自然生态条件不良，长势差，枯死率大。所以在自然生态环境不好的情况之下，采取多采、修剪、施重肥的耕作方式，可应用年轻茶树的优势以增加经济效益，也就是育苗分植后，施以重肥，两年后开始采收，采收后修剪，增加芽头的增生，扩大采摘面。如此趁茶树年轻力壮之时大量采收个五年、八年，等茶树长势衰弱后就挖掉，重新种植新苗。

如果自然生态环境良好，土壤条件又佳，可发挥茶树成熟后在品种特性、土壤风格以及山头韵味的诸多细致香、味与茶性上的表现。这时在幼苗分植后三年才少量采收，使茶树长高、长壮，不要太早分枝，不要分枝太密。这阶段的采收量虽然不会太大，但茶树的经济寿命可以加长。施肥与病虫害防治尽量使用自然农法，并维护自然生态的良好状态，这样的茶园要到十年才达高产期。之后还要避免过度采收，甚至在不适制的季节停采以维持茶树良好的生命力。这种耕作方式就可长期采摘成熟茶树的茶青，制作高质量的成品茶。

7. 施肥情形与病虫害防治

成品茶的质量与茶树耕种方法是息息相关的，现在说到施肥的情形。如果茶树生长的土地本身就相当肥沃，不需要人为给予补充，这是最佳的状况。如果需要补充养分，自然堆肥胜于化学肥料。长期依赖化肥的茶树，成品茶的香、味与茶性较为单调，甚至于好的香成分都不易产生。当然，这些自然堆肥的肥力组配与卫生安全也要留意才行。

再说病虫害的防治，喷洒农药是最伤害成品茶质量的，这不只是农残造成身体的危害而已，在成品茶的香气、滋味与茶性的表现上都有不良的影响。这在与相同制作水平的有机茶做比较时就可以发现。所谓“有机茶”，就是不使用化肥、农药，又无其他污染的情况之下，让茶树循自然、健康状况生长，采其嫩芽、嫩叶制作而成的成品茶。

使用除草剂也是农药危害的一种，将茶树四周以除草剂抑制杂草的生长，不但造成农药残留的问题，土地也因此失去了昆虫与腐殖质而变得硬化、酸化，长期下来，将不利于植物的生长。茶树原本是深根的作物，在这种耕作方式下，变得愈来愈浅根，茶树的长势当然愈来愈衰弱，用来制作成品茶的茶青质量就愈来愈低。这种耕作方式在加强使用肥料、农药，加强喷水灌溉之下，大量采收茶青是不成问题的，但是成品茶内质的多样化、精致度比较难把握。

8. 制茶技术

在产茶区可以看到一种比赛称为制茶比赛，参赛者都聚集

4.2.8 制茶比赛的场景

于同一个制茶工厂，将采收下来的茶青充分混匀后定量分发给参赛者。大家就同样的气候、同样的设备之下将茶制作完成。完成的时间当然都在三更半夜之后，视制作何种茶而定，有些茶甚至于要制作到快天亮。交作品时得称重量，如果与分发下来的茶青之标准制成率相差太大，是会被扣分数的，因为表示这位参赛者将茶青挑选得太厉害。茶青愈标准、愈精致，当然就愈容易制成高质量的茶，但制茶比赛是要求大家在同一茶青质量下将茶制作出来的（图4.2.8）。

这样的制茶比赛场合，最容易看出制茶技术对成品茶的影响，尤其在天候不良的情况之下如何应变，茶青老嫩太过悬殊时如何处理等。体会了这些制茶的技法，我们在识茶时就比较容易知道在怎样的茶区、怎样的制茶季节、怎样的气候、怎样的茶青状况下，可以制成怎样的成品茶，免得被讥为不知天多高、地多厚。

制茶可以是专业的技术与职业，尤其在大量生产的时候；制茶也可以是业余的，是趣味的，只要懂得茶青变化的原理以及制作的原则，人人都可以在一定设备与原料支持下制作一些成品茶供自己或亲朋好友享用。自己还可以在家里准备一个可以控温、计时的烤箱或焙笼，试着将“成品茶”复火，或烘焙成自己喜欢的火候；也可以储存一些茶叶，欣赏它在岁月的培育下，产生怎样的香、味与茶性上的改变。

9. 后熟的处理

茶的制作分成初制与精制，初制是从采青到成品茶的初步完成；精制则是将初制茶美化，使其更具商品价值，而且稳定品质，便于储存与行销。后熟的处理就是处于精制过程中，以稳定品质便于储存与行销为目的。

茶青制作成我们希望制成的茶类，而且初步干燥完成，这时茶叶已制作完毕，但品质并不稳定，放个几天，很容易吸收空气中的水分而回软，继续产生后氧化。如果不加处理，可能变得无法控制而损坏了原本制成的品质。怎么办呢？应该在茶叶初制完成后，进行各项美化的精制过程如筛分、剪切、拔梗、风选等，这时“初制茶”难免会吸收一点水分而有回潮的现象，我们将之复火一次，使水分恢复到原有的3%～5%之间。如此再存放一段时间，如十天、半个月的，让成品茶继续吸湿回潮，我们再将之复火一次，如此经过二次、三次的复火，初制茶的品质一定会稳定下来，常态储存较长的时间也不至于起坏变化。如果是高档的绿茶，唯恐刚才的复火方式会破坏绿茶的自然植物风味，就可以用常温的干燥方法加以再次的干燥，如放在有生石灰的瓮里一段时间，生石灰潮解后就更换新的生石灰，直到茶中的水分稳定下来。

上述这些“再次干燥”的过程，统称为后熟的处理，目的是使初制茶的品质稳定下来，同时也完成“美化”的各种程序。这时的成品茶就可以称为精制茶了，如果不是还要“加工”成各种商品茶（如熏花成各种花茶、焙火成各种程度的熟火乌龙、掺和成各种调味茶），就可以包装好上市销售了。

后熟的处理在于稳定成品茶的品质，使得商品茶在市场流通的时候，在消费者享用的时候，即使打开了原有的包装，即使没有放在冷藏柜内，品质也不至于劣变。茶是可以久放的食品，不像鱼、肉，不放在冰箱里很快就会腐败，所以我们要将成品茶处理到颇为稳定的状态。未完成后熟处理的茶，应该视为“尚未完成制造”才对。

10. 枝叶连理的影响

枝叶连理的情形在芽茶类上视为正常，因为那样枝叶连接成一朵朵的，泡开后犹如生长在茶树上一般，相当美观，而且由于枝、叶细嫩，干燥时要控制在不变质的含水量并非难事。

叶茶类就不一样了，枝叶连接在一起，泡开后在水中缠成一团不怎么美观，反而是将枝叶分离后，一片片叶子比较好看。干燥时，叶茶类的枝、叶成熟度较高，枝叶连理时不容易平均地达到所需的干燥程度（图4.2.10a），所以叶茶类的茶是要求枝叶分离的（图4.2.10b），茶梗有没有从茶堆中剔除倒不重要。过

4.2.10a 叶茶类的枝叶连理，干燥度不容易掌控

4.2.10b 叶茶类的茶在传统上被要求枝叶不连理（如图右）

4.2.10c 枝叶分离机

去的茶叶挑梗工作是相当花费人力的，但现代已有电子挑梗机，只要事先将枝叶连理的茶团用枝叶分离机（图4.2.10c）将枝、叶分散，然后进入电子挑梗机（参见图4.1.5.5a），就可以将茶梗挑选出来。枝叶分离得愈彻底，茶梗就挑得愈干净。机器采收的茶青由于枝条的老嫩度与长度不那么平均，所以揉捻成的成茶外形没有手工采摘的那么整齐，在机器枝叶分离时，反而是机采的成品茶较易分离，手采的成品茶若要分离得彻底，往往会将“叶”的部分弄碎很多，因此现在市面上有“手采（叶型）茶不拣枝”的论调，拣枝的茶反而被认为是机采茶了。

我们前面说过，只要后熟处理进行得好，成品茶的干燥度控制在安全的范围之内，枝叶不分离并不会为叶茶类的茶带来太大的困扰。况且现在在市场上流通的商品茶都是小包装茶，而且抽真空的比例相当高，所以枝叶未分离没什么妨害。但如果是想要长期保存的成品茶，最好还是自行处理一下，也就是把枝叶分离，再复火个一两次（图4.2.10d），使茶性稳定下来，让它乖乖地陪您度个十年寒暑。

分离后的茶梗不一定要从茶堆中剔除，我们要将枝叶分离

4.2.10d 家庭用的小型焙茶机

主要目的是干燥的问题，现在既然已经分离，干燥就不成问题，分离的茶梗不妨与它的伙伴放在一起，共同陪您度过良辰美景。况且茶梗还有增强茶汤甘度的效用，有如中药上的甘草，是百药中很好的调和剂。

11. 储存的条件

成品茶的储存包括精制阶段的储存、行销阶段的储存与享用阶段的储存。精制阶段的储存就是后熟的处理，利用精制期间，常态地存放一段时间，然后复火一次（包括低温式干燥），如此重复进行一两次，直到茶性稳定下来。

行销期间的储存包括仓库、店面与运输期间的储存。依成品茶的种类与包装方式决定常温或冷藏储存，并考虑可能遭受污染的问题。运输路线遥远，或是销售期间漫长的品项，很可能因为这其间的温湿度落差太大，或撞击机率过大而造成质量上的损伤。为减少成品茶从制作完成后到消费者饮用时，经过太多层次的分装，现代化的做法都是在精制或加工完成后，就分装成销售时的包装形态（图4.2.11a）。期间从工厂到经销商、从批发到零售、从店面到消费者间，就不再改变包装的方式，甚至考虑到消费者购进茶叶后到冲泡饮用时都不必再行改变包装（图4.2.11b）。这样就可以减少成品茶在储存运输上遭受不利的影响。旧式散装茶的行销方式不但使成品茶被拨弄的次数太多，而且在商品的价格管理上容易发生问题，如生产单位订定

4.2.11a 销售时的包装形态

4.2.11b 一壶一包的终端包装方式

为每千克500元的茶，在销售期间被误卖为800元，下游的经销商或消费者在评鉴或享用该茶时，就会造成不公的评判。

最后是享用阶段的储存。商品茶一经打开使用后，如果原包装无法继续妥善保护该项产品，我们应该准备一个能防潮、不透光，且无杂味的罐子盛装，然后放在阴凉、干燥的地方。商品包装上如果要求消费者要放在冷冻库内保存，我们就要依照着去做，除非您有把握可以做到比厂商建议者更好的方法。如果是冷冻或冷藏的茶，离开原储存地，使用前必须先让茶叶回到常温，将外包装的水滴擦干后才打开使用，否则茶叶很快就受潮了。

储存期间，若成品茶的含水量超过了安全范围，如一般茶的8%，普洱茶的10%，从茶汤识茶时就容易发现有酸味。此外，外形的破碎、外来异味的污染等，都是储存期间造成成品茶质量下滑的原因。

第五章
茶叶分类名称的形成

一、因发酵程度之不同而分

二、因成茶色泽之不同而分

三、因市场需要而分

四、因采制季节之不同而分

五、因“制成品”之不同而分

六、因“成品茶”形态之不同而分

茶叶种类繁杂，若不依人们思考的逻辑将之分类整理，初学者是很难理解那么多种类的茶的。人们所从事的分类也会因基准点的不同而有多种不同的分类法，如依采制季节而分、依发酵程度而分、依茶青成熟度而分、依销售地区而分等。现在我们以广大茶叶消费者的立场从事此项分类的探讨。

基于茶叶发展的趋势，也方便新入茶道领域者认识各类茶，我们以当今的茶叶生产、营销状况，将茶叶做了这样一个角度的分类。这个分类依茶叶制作中采青、发酵、揉捻、焙火之不同加以整理，因为这四大制茶过程乃是形成茶叶不同种类与风味的主要原因。

第一阶的分类我们将茶分为绿茶、普洱茶、乌龙茶与红茶四大类，此乃依茶叶发酵程度而分，而发酵又包含杀青之前的发酵与杀青之后的所谓后发酵。绿茶为不发酵，普洱茶为后发酵，乌龙茶为部分发酵，红茶为全发酵。

第二阶分类时，我们将四大茶类再依采青的成熟度、揉捻与焙火的轻重、有无渥堆等给予细分。绿茶这一类因为几乎全属嫩采的芽茶类，而且制成后都不经焙火的加工，所以只依揉捻的轻重给予区分为：银针绿茶、原型绿茶、松卷绿茶、剑片绿茶、条形绿茶与圆珠绿茶六小类。由于揉捻的轻重显现在成茶的外形上，所以分类上的名称都是以茶形称呼。

普洱茶也属于芽茶类，且为轻揉捻、不焙火，所以仅就其有无渥堆加以区分为陈放普洱与渥堆普洱。

乌龙茶有茶青成熟度与揉捻、焙火轻重等问题，所以将嫩采的两类即白茶和白毫乌龙先行提出，再将成熟采者依揉捻的轻重分出条形乌龙与球型乌龙，最后把以焙火加工为特征者称为“熟火乌龙”。

红茶是芽茶类、重揉捻、不焙火，所以仅依有无“切碎”分为碎型红茶与工夫红茶（或称条形红茶）。

过去依“成品茶色泽”区分的绿、黄、白、青、红、黑六大茶类，现在可以将黄茶包含在绿茶中、黑茶包含在普洱茶中、白茶与青茶包含在乌龙茶中，结果就成了绿茶、普洱茶、乌龙茶与红茶的四大通俗分类名称，也形成了不发酵、后发酵、部分发酵、全发酵的四大制茶法的分类名称。

至于紧压茶（如饼茶、砖茶）、熏花茶（如茉莉花茶、桂花乌龙）与季节性名称（如春茶、夏茶）则属于另外一种分类方式，可将其依上述的原则归属于前面的各种分类之中。

一、因发酵程度之不同而分

最常见到的茶叶分类就是以茶叶制程中发酵程度的多寡而定。这种分类法对各种成品茶的认识最有帮助。

我们常听到的：茶分成不发酵茶、部分发酵茶、全发酵茶与后发酵茶，就是依发酵程度与发酵方式而定。早期只分成不发酵、部分发酵与全发酵，后来普洱茶兴盛后，又增加了一个后发酵。因为普洱茶分成经过渥堆的“渥堆普洱”与不经渥堆只是存放、让其造就成普洱茶样子的“存放普洱”。有人因其在杀青之前是呈不发酵茶的样子，而将它归到不发酵茶内，有人因其在饮用时都已呈现深度发酵的样子（多指渥堆普洱而言），而将它归到全发酵茶内。后来为能完整包含“渥堆”形成的普洱（图5.1a）与纯“存放”形成的普洱（图5.1b），而且考虑到这两种制造方式对成品茶造成的发酵都属杀青之后引起的发酵，所以另以“后发酵茶”归类之。

5.1a 经“渥堆”而成的普洱茶

5.1b 单纯“存放”而成的普洱茶

杀青之前为主的发酵是属于氧化酵素引起的发酵，杀青之后为主的发酵是在氧化酵素活性被破坏后才引起的发酵。

根据上面所说的分类法，市面上所谓的绿茶，如龙井茶（图5.1c）、碧螺春（图5.1d）、黄山毛峰（图5.1e）、珠茶（图5.1f）、

5.1c 龙井茶

5.1d 碧螺春

5.1e 黄山毛峰

5.1f 珠茶（左细右粗二型）

煎茶（图5.1g）、抹茶（图5.1h）等都属于不发酵茶类。另外还有一种叫“黄茶”的，如君山银针（图5.1i）、霍山黄芽（图5.1j）、蒙顶黄芽（图5.1k），都是在绿茶的基础下增加了闷黄的过程，所以也应该归在不发酵茶内。

相对于不发酵茶，就是全发酵茶了，这类茶在市面上统以“红茶”称之，是目前世界上饮用量最多的一种茶。

5.1g 煎茶

5.1h 抹茶

5.1i 君山银针

5.1j 霍山黄芽

5.1k 蒙顶黄芽

5.1l 白毫银针

5.1m 白牡丹

5.1n 寿眉

介于不发酵茶与全发酵茶之间的就是“部分发酵茶”，不论发酵是偏多还是偏少。这种茶过去曾经被称呼为“半发酵茶”，“半”字虽然也有不多不少的意思，但有人担心会被误解为一半的意思，所以慢慢地改称为“部分”。这类茶包含的范围比较广，包括如微发酵的白茶，如市面上看到的白毫银针（图5.1l）、白牡丹（图5.1m）、寿眉（图5.1n）等）；轻发酵的包种茶（图5.1o）；中发酵的铁观音（图5.1p）、冻顶乌龙（图5.1s）、武夷岩茶（图5.1t）、凤凰单丛（图5.1s）；重发酵的白毫乌龙（图5.1t）等。

为简化部分发酵茶的印象，有人就将之统称为

5.1o 包种茶

5.1p 铁观音

5.1q 冻顶乌龙

5.1r 武夷岩茶

5.1s 凤凰单丛

5.1t 白毫乌龙

“乌龙茶”。因此，不发酵茶就是绿茶，部分发酵茶就是乌龙茶，全发酵茶就是红茶，后发酵茶就是普洱茶。前头的称呼如不发酵茶、部分发酵茶、全发酵茶、后发酵茶是分类学上的叫法，后头的称呼如绿茶、乌龙茶、红茶、普洱茶是市面上商品茶的叫法。

以发酵程度之不同所作的分类，用图表说明如下：

茶
- 不发酵茶：绿茶
- 部分发酵茶：乌龙茶
- 全发酵茶：红茶
- 后发酵茶：普洱茶

二、因成茶色泽之不同而分

这是依成品茶的颜色而作的分类。成品茶的颜色不是很明确的，所以无法以色彩学上的编号来说明，仅能就概念性的颜色加以分类。从事茶色泽的分类时，一般人也是依发酵的程度，从轻到重排列。

第一类是绿茶。是指不发酵茶，因不发酵，制成的茶呈绿色，所以称为绿茶。如龙井、碧螺春、黄山毛峰、珠茶、煎茶、抹茶等。

第二类是黄茶。以不发酵茶为基础，但杀青与干燥期间多了一道“闷黄”的过程，制成后就变得偏黄了。如君山银针、霍山黄芽、蒙顶黄芽等。

第三类是白茶。已进入到部分发酵茶的领域，习惯上以重萎凋、轻发酵的制法为之，而且以芽心为主要的制造原料，所以“色白”成了这类茶的外观特征。如白毫银针、白牡丹、寿眉等。

第四类是青茶。以轻萎凋，轻、中、重发酵为制作的方式。其中的轻、中发酵制法以叶茶为主要原料，如包种茶、铁观音、冻顶乌龙、武夷岩茶、凤凰单丛等；重发酵制法则以芽茶类为主要原料，如俗称“东方美人”的白毫乌龙。

前面第一、二、三类以及后面的第五、六类都是以芽茶为主要原料。

第五类是黑茶。以“渥堆”为主要形成茶青“后发酵”的手段，因此成品茶外观呈黑色。如市面上看到的渥堆普洱（也称“熟普”）。

第六类是红茶。因为是全发酵的关系，所以外观看来是红色的，也就是一般人所说的红茶。

因成茶色泽之不同而作的分类也在普洱茶兴盛后发生了问题，因为普洱茶不是单一以外形色泽可以涵盖的。“渥堆普洱”可以归在黑茶类，那“存放普洱”应该归在哪一类呢？归在绿茶、黄茶、青茶都有不恰当的地方，相较之下，最近有人主张将这部分普洱茶归在青茶上。

就“成茶色泽”所做的分类，以图表说明如下：

茶	绿茶	不发酵茶
	黄茶	
	白茶	微发酵茶
	青茶	轻、中、重发酵茶
	黑茶	后发酵茶
	红茶	全发酵茶

三、因市场需要而分

这里所说的市场需要是指就消费者的立场而言。一般消费者不太理会学理上的名词，也不太容易理解，而且一般消费者也是不耐烦太多的种类与称谓的。在非茶文化普及的国度里，甚至于连乌龙茶都不知道，应用时只好以茶汤颜色称呼，称呼为绿色茶（green tea）、红色茶（red tea）、褐色茶（brown tea）。

为方便消费者的理解，对初步接触茶的人或地区，只将茶依大分类的俗名称呼即可，将茶分成绿茶、乌龙茶、红茶与普洱茶。

待市场开发到一定程度，消费者对茶已不感陌生，再让他们知道绿茶还因外形的不同（即揉捻方式的不同）分成银针绿茶、原片绿茶、松卷绿茶、剑片绿茶（参见图4.1.4.1a ~ 4.1.4.1d）、条形绿茶（参见图4.1.4.1f）与圆珠绿茶（参见图5.1f），还有磨成粉末的粉状绿茶（图5.3a），增加了“闷黄”过程的黄色绿茶

（图5.3b）。乌龙茶还依茶青成熟度、发酵程度、揉捻轻重与焙火高低分成白茶乌龙（如图5.1l～5.1n）、条形乌龙（如图5.1o）、

5.3a 粉状绿茶

5.3b 经闷黄过程的黄色绿茶

5.3c 经焙火的“熟火乌龙”

球型乌龙（参见图4.1.1.1j）、熟火乌龙（图5.3c）与白毫乌龙（参见图5.1t）。红茶因最终制成小袋茶或直接以壶泡饮而有碎型红茶与条形红茶之分。普洱茶则因渥堆与否而有渥堆普洱与存放普洱之分。

第二阶段的分类是复杂了，但可以让消费者进一步知道造成“茶”多彩多姿的“内在”因素还有很多。健全的市场结构是“基层的印象者”与“深层的挑剔者”同样丰硕才对。

因市场需要而作的分类，以图表说明如下：

	第一阶段的分类	第二阶段的分类
茶	绿茶	银针绿茶 原片绿茶 松卷绿茶 剑片绿茶 条形绿茶（含针状绿茶） 圆珠绿茶 （粉状绿茶） （黄色绿茶）
	乌龙茶	白茶乌龙 条形乌龙 球型乌龙 熟火乌龙 白毫乌龙
	红茶	碎型红茶 条形红茶
	普洱茶	渥堆普洱 存放普洱

四、因采制季节之不同而分

成品茶还可以依采制季节来做分类。这种分类名称不能直接作为茶名来用，如说“春茶”，大家不知道您要的是绿茶的春茶还是乌龙茶的春茶，但是这种分类可以让大家理解各种不同种类的茶在不同的采制季节上还可以产生多种变化。市场行销上也可以依此有不同的定价标准，如绿茶、乌龙茶的轻、中发酵茶与普洱茶等，只要提到春茶，一定代表着高质量的含义；重发酵乌龙茶与红茶则不然，初夏才是高质量的象征。

各种茶类的采制季节有春、夏、秋、冬四季，四季采制的成品茶就分别称为春茶、夏茶、秋茶与冬茶。春茶与夏茶在很多地方可收成二次，分别称为第一次春茶、第二次春茶与第一次夏茶、第二次夏茶。春茶还依节气的不同分成明前茶（清明以前采制的茶）与雨前茶（谷雨前后采制的茶），也可以叫作早春茶与晚春茶。秋、冬茶在某些地区是不容易区分的，因为海拔或纬度的关系，有些地方的冬天已无茶可采，所以秋茶就叫成了冬茶，因为冬茶比较值钱。为强调冬茶的珍贵，还有特别将冬茶称为冬片者（当然也可以界定为冬季之后，采摘所剩无几的茶芽制作而成的茶叶）。

有些茶树品种在每季发芽的时间都比别的品种早些，有时提早一周，甚至于提早两周。这样的茶树品种有其时间上的经济效益，不论是在市场的供需上还是在制茶人力的分散上。也因为有这样的品种，原来以为明前茶就已经是很早的早春茶了，结果在更早的二、三月就有“雨水”茶出现；原来认为晚春才是叶茶类乌龙茶上市的时节，结果在清明左右已有铁观音、武夷岩茶可喝。当然这些早产的例子并不表示质量的优势。

现在将因采制季节而作的分类以图表说明如下：

春茶	一次春茶　早春茶　明前茶 二次春茶　晚春茶　雨前茶
夏茶	一次夏茶　二次夏茶
秋茶	白露茶
冬茶	冬片

五、因“制成品”之不同而分

茶青制作到后来，一定会有成品茶出现，这成品茶是制茶的主要目的产物，称为“正茶”。同时也会产生出一些副产品，如被剔捡掉的粗老叶子，称为“茶头”；如被筛离出来的细碎茶叶，若是尚有叶片的形状，称为“茶角”（图5.5a）；如

5.5a 茶角

果被筛离或“风选”时被吹到最远一边的粉末，已经看不到叶片的样子，就称为“茶末”(图5.5b)；从枝叶连理的茶上被分离、剔除的枝条称为“茶梗”(图5.5c)。相对于“正茶”，茶头、茶角、茶末、茶梗就被称为“副茶”。副茶中的茶角可以拼入碎型茶中作为小袋茶的原料，茶头、茶梗可以作为廉价茶泡来饮用，茶末可以送进工厂提炼咖啡因、儿茶素等成分作为茶叶深加工的原料。

5.5b 茶末

5.5c 茶梗

从制成品的类别所作的分类，可以下表说明之：

茶
- 正茶：成品茶
- 副茶：茶梗、茶头、茶角、茶末

六、因“成品茶”形态之不同而分

茶青制成“成品茶”时，可以“散茶”的形态呈现，也就是一粒粒的茶、一根根的茶（图5.6a），行销时是一包、一罐地卖，饮用时是一撮撮地浸泡成茶汤饮用。

另外一种成品茶的形态是将上述的“散茶”蒸过后，压成一块块的“饼茶”，形状上可有砖形、圆饼形、碗形、球形等

5.6a 一粒粒的茶，一根根的茶，都属“散茶”

5.6b 砖型

5.6c 圆饼形

5.6d 碗形

5.6e 球形

紧压成砖型、圆饼形、碗形、球形的，都属于“饼茶”

5.6f 一束一束地卖、一捆一捆地卖

5.6g 饼茶是剥成小块后，浸泡成汤饮用

（图5.6b、5.6c、5.6d、5.6e）。行销时是一饼一块地卖，也可以数饼包装成一束或一捆来卖（图5.6f）。饮用时是将茶饼解块成散状或小团状（图5.6g），然后浸泡成茶汤饮用。

第三种成品茶的形态是“末茶”，将成品茶磨成粉状（图5.6h），或作为其他食品组成部分，或作为其他食品的佐料，或直接冲泡成饮料使用，或搅击成水乳交融的茶汤品饮。做成末茶的成品茶多以绿茶为之，因为视觉效果较佳，不论是翠绿的成品茶颜色，或是制作成翠绿色的食品，都是讨人喜欢的。

5.6h 将成品茶磨成粉状的“末茶”

将茶粉搅击成水乳交融的茶汤直接饮用时，茶末的细致度要求很高，否则搅击时无法形成水乳交融状；而且成品茶的质量要高，否则苦涩难喝。这类搅击成稠状茶汤直接饮用的末茶，我们特别以“抹茶”称之，用以与其他食品级末茶区隔。

“末茶”近来颇为盛行，因为茶的某些成分，如维生素E、类胡萝卜素、锰等都不太溶于水，所以只好将叶肉一并吃进肚里。想吃进茶的叶肉，除将成品茶作为烹饪的材料，如龙井虾仁、铁观音炖鸡外，就是将茶磨成细粉，掺入面粉中制成茶蛋糕、绿茶冰淇淋，或是直接泡水饮用。为简化摄取这些非水溶性养分的程序，有些蒸青绿茶如煎茶之属，在杀青时特意加重了蒸青的力度，以至于部分叶肉已成粉碎状，冲泡时可以随着茶汤喝进肚里，这种绿茶被称作深蒸绿茶（图5.6i）。

5.6i 深蒸绿茶

5.6j 碾碎之膏茶饼

还有将茶制作成膏状的，也就是在杀青、揉捻间将茶青一面煮一面搅，水干后继续加水，直到成膏状，并干涸到可以用模具压制成饼。饮用时敲成碎块，然后磨成茶粉，以打抹茶的方式享用，这类茶型我们可以称它为“膏茶”（图5.6j）。

因成品茶形态之不同而作的分类，可以下列图表说明之：

茶
- 散茶
- 饼茶
- 末茶
- 膏茶

第六章
茶叶产品名称之由来

一、因产地而得名

二、因茶树品种而得名

三、因茶汤颜色而得名

四、因典故而得名

五、因成品茶外形而得名

六、因加工的方式而得名

当我们不知道这是什么茶，反而会更认真地体会它的各种色香味，因为很想知道到底是什么茶。如果已经知道了茶名，反正我喝的就是某某绿茶、某某岩茶，所以不假思索地就喝了。但是当我们不知道这是什么茶时，就要很仔细地看、仔细地喝了。

我们了解这款茶，事实上不是经过茶名而来的，是经过你看到茶汤的颜色等信息。你知道这是绿茶，因为它是偏绿的；知道这是红茶，因为它是偏红的。我们凭着茶的颜色知道了它的大类别，我们又从它的香气知道它的小类别，好像看到的是有点偏绿，但闻起来不是蔬菜型的香，而是有点花朵的香，就会感觉到已经不是不发酵茶了，虽然还是很绿，但应该已经是轻度发酵，而且已经不再是芽茶类了，因为如果是芽茶又是绿茶，应该是接近割草皮的香、菠菜用开水烫过的香。如果已经不是那种香，而是进入果实的香，我会相信它已经不是采嫩芽嫩叶而是采较成熟叶制作的，因此判断它不是绿茶。喝的时候，它又显现特殊的品种风味，好像是铁观音茶树的品种做的，还显出比较粗犷的风格，所以我体会到了它是采成熟叶制成的茶。如果发酵不是很重，但茶汤是浅褐色的，我们很快就会感觉到它的一股温暖感，我们意识到它是焙了一点火。如果我们看到的茶汤是很鲜艳的红色，我们知道这是一款重发酵茶，它是没有焙火的。

我们是不是要很了解茶的制作工艺，才有办法了解那么多茶叶显现的现象呢？不是的，我们刚才说的这些感官的认知是一般人都能够理解的，可能就只是讲不出比较专业性的用语而已，但是很容易体会出是比较接近自然风味，还是离自然风味比较远，这也就是焙火与发酵对茶叶产生的作用。

反过来说，如果你已经知道了茶名，反而是一种束缚，你只要知道喝的是一款西湖龙井，已知的资讯马上涌上心头：它是属于浙江一带的茶，是不发酵的茶，是扁平的茶，是款名优绿茶，等等，便已经限制住了你的赏茶空间。如果你知道这款茶是这一次某某地区比赛的得奖作品，那不用喝就已经确认它是一款非常好品质的茶了。这就像有人看一幅画，它的线条、色彩让他看得好感动，看得眼泪都要掉下来，这时还根本不知道这幅作品的名称与作者呢。另一个人去看画，看着这幅画也不怎么样，向日葵的花朵也画得不三不四，还没有自己画的那么逼真呢，怎么也参加了这次名画邀请展？然后他不经意地看到了画的标示牌，作者的名称让他吓了一大跳，原来是世界鼎鼎有名的画家，这个作品如果是在拍卖市场上，是几千万身价的，他这时才开始觉得这幅画实在画得太好了，不管是线条也好，色彩也好，都是创世纪的一件作品。这两种前后不同的反应，到底哪一位才真正懂得画？当然前者是懂画的，后者只是因为画的名称、作者的名气才被感动的。音乐不也是一样？有人进音乐厅是不太看节目单的，不管今天演奏什么曲子，我就是听了就对，演奏得好，就赞叹鼓掌，演奏得不好，静静坐在那里就是。他也不会太关心这个乐团到底是什么名称，因为如果一看就知道这是世界有名的乐团，还没有听就已经认为会演奏得很好了。

你说不知道茶的名称怎么去买茶、怎么告诉朋友我今天喝到了什么好茶，对的，这是茶名唯一的作用，它是为了便于传递一个信息，以及市场上定价、销售必要的一个手段。

茶叶产品名称分为“成品茶”的名称与“商品茶”的名称。这两种名称有时是一致的，但有时的商品名称会由行销单位另行拟定。我们学习识茶，重要的在于成品茶的名称，因为这是大家沟通的必要称呼。至于商品茶的名称，有时是为了商标权的使用，行销单位拟定了自己独占的名称；有时是为了商品分类、分级的需要，以文字或数字加以命名，这种商品茶的名称是难能让人循此而一窥茶之全貌的。

一、因产地而得名

制成的茶经常以产地命名，这里所称的产地又有“行政名称”与“地理名称”之分。如龙井茶，因原产于浙江杭州龙井一带而得名；如黄山毛峰，因产于安徽黄山一带而得名；如冻顶乌龙，因产于台湾南投的冻顶山一带而得名。龙井、黄山、冻顶等都是行政地名，所以举凡冠以行政地名的茶，都属因产地而得名的茶。

另外一类的茶名仅以地理位置为名，如武夷岩茶中的半天腰（或写成半天妖），仅表示了这种茶生长在山峰的半腰上；如云雾茶，仅表示这种茶生长在经常云雾飘渺的环境中；如港口茶，仅表示这种茶生长在海岸边。举凡冠以地理位置名称的茶，也都属于因产地而得名的茶。

另外也有以“生长地”之土壤特质命名的，也可以将之归在这一类中。如“岩茶”，表示这类茶生长在岩石风化而成的砾质壤土之上。

二、因茶树品种而得名

理论上，各种茶树品种都可以制成各类型的茶，只是制作的方法不同而已。但有些种类的茶必须使用特定的品种才能完善表现它的特质，这样的茶，经常会以茶树品种的名称作为成品茶的名称。当然以各种不同茶树品种的茶青制成的成品茶都有其不同的特性与风味，这其中只有一部分会特别以茶树品种名称来命名。

我们常听到的铁观音就是强调以“铁观音”品种（图6.2）制成的茶。当然以其他品种，依“铁观音”的制法制成的茶也

6.2 铁观音品种的茶树

可以称作铁观音，这类的品种在福建地区有毛蟹、黄棪、本山，在台湾有四季春等。为强调是以铁观音茶树品种为原料制成的铁观音，有人在茶名前面加了“正丛”两字而称呼为“正丛铁观音”。另外还有“水仙茶”“佛手茶”，也都是以茶树品种来命名。水仙茶是以水仙品种的茶青为原料，佛手茶是以佛手品种的茶青为原料，为强调不是以其他品种的茶青为之，就可以特别叫作“正丛水仙”“正丛佛手”。

三、因茶汤颜色而得名

因泡出或调出的茶汤颜色而命名的茶有绿茶，因茶汤是绿色的；有红茶，因茶汤是红色的；有黄茶，因茶汤是黄色的。这与茶的六大分类，将茶分为绿、黄、白、青、黑、红不同，六大分类乃是依成品茶的茶干色泽而定的名称，而且是分类学上的叫法，消费者不一定使用得上。除与市场上的成品茶俗名相同者，如绿茶、黄茶、红茶外，其他如白茶、青茶、黑茶，就不太能具体地代表某种成品茶了。

四、因典故而得名

有些成品茶在市场上流通的俗名是因典故而来，如武夷岩茶的大红袍，传说的故事都与治愈进京应考书生的疾病，回来拜谢，官服披于茶树有关。另如台湾的特色茶“东方美人”，相传是早年输往欧洲，大家极其欣赏它的外形有如花朵般的美丽，汤色橘红诱人，又有成熟水果般的蜜香，所以被称为“东方美人”。因典故而得名的茶还包括名人的赐名，如江苏省的名茶“碧螺春”，相传原名“吓煞人香”，有次进献给康熙皇帝，被赐名为碧螺春。

五、因成品茶外形而得名

就成品茶的外形而命名的有：“银针”，表示此茶乃采摘单根的芽心制成，且满披茸毛（图6.5a）；有“瓜片”，表示此茶

6.5a 满披茸毛的芽心

乃采开面以后的单张叶片为原料，且不太揉捻，因此外形成为片状（图6.5b）；有“珠茶”，表示该茶是将茶叶滚卷成圆粒状（图6.5c）；有“雀舌”，表示是采摘一心夹二片未展叶为原料制

6.5b 形成片状的成品茶

6.5c 滚卷成圆粒状的茶

6.5d 一心夹二片初展叶，有如雀舌

成的茶，看来有如麻雀的嘴巴（图6.5d）。

六、因加工的方式而得名

有些茶名是从加工的方式获致的。最常见的花茶类，以所熏的花为熏花后成品茶的名称，如茉莉花茶（图6.6a）、珍珠玫瑰（图6.6b）、桂花乌龙（图6.6c）等。如果要突显该茶是经过烘焙的加工，则可称为“熟火乌龙”（图6.6d）；如果要突显该茶是掺和了其他的食物或调味料，则可称呼为“薄荷茶”“人参茶”“伯爵红茶”等。

6.6a 茉莉花茶

6.6b 珍珠玫瑰

6.6c 桂花乌龙（熏制中）

6.6d 熟火乌龙

第七章
大类别的认识与小类别的欣赏

一、大类别中的小类别

二、茶的不定性

三、茶叶欣赏的自由创作空间

一、大类别中的小类别

在市面上流通的成品茶有数百种，若将之转换成商品茶，就变成了数千种，要从这些茶名去认识它们是不实际的，这不只是因为种类太多，认也认不完，而是各种茶的制作并不规范，不是大家都非依一定标准制作不可的。所以说到识茶必须转个方向才行得通，也就是“看茶识茶”，依它被制成的模样；依几个大的方向来理解它在被饮用时是什么样的色、香、味与风味；也依从这样的认识，决定冲泡的用具与方法。

如何“看茶识茶”呢？可以从以下几个方面着手。

1. 芽茶还是叶茶

芽茶类是茶枝成长期间采制的茶（图7.1.1a），叶茶类是茶枝成熟后采制的茶（图7.1.1b）。

7.1.1a 茶枝成长期间

7.1.1b 茶枝长熟了

2. 茶青的采摘方式

这种茶是单采芽心（参见图3.3.4g）还是雀舌（参见图6.5d）？是采一心一叶（参见图3.3.4i）、一心二叶（参见图3.3.4j）还是一心三叶（参见图3.3.4k）？还是单采一叶（图7.1.2）？是采对口二叶（参见图3.3.4e）、对口三叶（参见图3.3.4f）还是对口四叶？

7.1.2 一心二叶采下后，单采芽心下方的那一叶制成茶，如瓜片

7.1.3a 枝叶不连理的茶

7.1.3b 枝叶半连理的茶

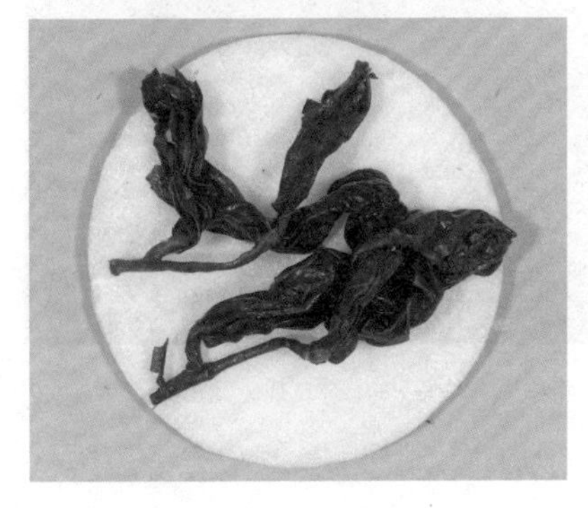

7.1.3c 枝叶连理的茶

3. 枝叶连理的情形

这种茶是茶梗分离得很清楚的“枝叶不连理”(图7.1.3a)，还是部分分离部分不分离的“枝叶半连理”(图7.1.3b)，还是完全没有分离的“枝叶连理”(图7.1.3c)？

4. 夹杂物的多寡

这里所说的夹杂物包括被允许夹杂的茶梗、茶角、茶末与粗片，与不被允许夹杂的毛发、竹片、石块、金属屑与杂草等。不被允许者是一点都不能有，有了就是品管不良的成品茶；被允许者还要进一步评估它在整批茶中的占比，太高的比例是会影响成品茶的质量的。

5. 发酵程度

从成品茶色泽所显现的“红”色程度来判断该茶发酵的程度。如果没有一点往红色演变的迹象，那是不发酵茶（图7.1.5a）。如果有了一点，已从绿变成黄绿，那可能还是不发酵茶，只是在杀青、揉捻与干燥的过程中采取了比较缓慢的做法，以致在色泽上表现得没那么绿（图7.1.5b）；也可能在干燥过程中增加了闷黄的制程，而制成了“黄茶”（图7.1.5c）；也可能是原本很绿的颜色，因为放久了而变得比较黄。

以上所说的是在芽茶的原料上所显现的色泽。如果是叶茶类呢，即使是不发酵，在干茶上所显现

7.1.5a 芽茶类，没有一点往“红”演变的迹象

7.1.5b 芽茶类，还是绿，但有点变黄

7.1.5c 芽茶类，经“闷黄”后，已变成黄绿色

的绿也会比较墨绿。然而正常的状况下，叶茶类是从轻发酵开始的，在泡开的叶底上看来是黄绿，但在干茶时，显现的还是深绿（图7.1.5d）。如果是显现或深或浅的“褐色”，那是已进入中发酵的领域，而且是因为焙火的程度不同显现出不同深浅的褐色（图7.1.5e）。

7.1.5d 叶茶类的墨绿色

7.1.5e 叶茶类的浅褐色

再继续往红色发展下去就要到重发酵与全发酵的领域了，而且又回到了芽茶类。当发现成品茶的叶子已有红色出现，但还不是清一色的深红，仍掺杂有一些浅红、浅黄，这是到了重发酵的程度（图7.1.5f）。如果每片叶子都已显现深度的红色，只有芽尖带绒毛的部位显出浅红，就是全发酵的红茶了（图7.1.5g）。

7.1.5f 芽茶类，已出现很多的红

7.1.5g 芽茶类，已全部变红（但茶干看来是黑的）

6. 焙火的程度

从成品茶色泽上所显现的“暗”的程度来判断有没有经过烘焙的加工。如果经过火（或说是高温）的烘焙，在成品茶的外观上会留下痕迹的，这痕迹与没有焙火的绿、没有焙火的红，

7.1.6a 焙火后的黑

7.1.6b 渥堆后的黑

只有“干燥”的样子是不一样的，也与渥堆后的变黑不一样（图7.1.6a、7.1.6b）。焙火原则上是发生在叶茶类上，焙火的程度愈大，也就是焙火的温度愈高或时间愈长，在色泽上会显现得愈黑、愈暗（图7.1.6c）。

7.1.6c 焙火愈重、颜色愈黑，从轻到重：右上、左上、中下

7. 紧压的程度

如果成品茶是紧压茶，除了上面数项特征仍必须仔细观察外，还要留意紧压的程度。如果紧压时蒸得透、压得紧，表现在成品茶的茶饼上是密实的，要剥一些下来冲泡饮用还得借助刀、锤等工具。如果蒸压的力道不强，制成的茶饼是较松散的，

7.1.7a 紧压程度高者

7.1.7b 紧压程度低者

用手一剥就可以掰下一块来冲泡。紧压程度高者（图7.1.7a），后发酵的进度较慢，但易于保存；紧压程度低者（图7.1.7b），后发酵的进度较快，但吸湿力强，不利于在高湿高温地区的保存。不同紧压程度的茶，经一段时间存放后所显现的茶性也是不一样的，紧压程度高者的香味较坚实，紧压程度低者的香味较粗犷。

8. 存放的结果

存放时间的长短不容易从成品茶的外观察觉出来，尤其在不同存放条件下，所以我们只好审视其“存放的结果”。影响存放结果的主要因素是湿度与温度，二项都高时，成品茶老化得快（图7.1.8a），否则老化得慢。老化的主要特征是成品茶的光

7.1.8a 高温高湿之下，高度老化的成品茶

泽，不论其原本的颜色如何（包括色相与明度），老化程度高者，光泽消退得多。老化程度之影响成品茶质量还得视老化的健康与否。存放的湿度与温度偏低者是较健康的，这可以从成品茶外皮的紧实度判断出来（图7.1.8b）。老化得过了头也会变得不健康。

7.1.8b 老化程度不一的成品茶外观，右比左老

9. 香气的表现

观看过上述种种茶况，如果接下来不是冲泡来喝或是以审评的方式进一步冲泡来加以审视。这时可以将茶样以容器拿到鼻前，连续深吸三次气，了解这批茶在气味上的表现如何。这

香气包括了香型、强弱、香性、异味等。

成品茶经过上述仔细观察后，我们不难将它的身份定位得相当精确，包括种类的差异与质量的高下。但我们可能叫不出它的商品茶名称，甚至于叫不出准确的分类茶名称，但我们确实知道了它是什么风味与等级的成品茶。

二、茶的不定性

我们将天下各种茶做了分类整理，这是便于学茶者的学习，但是我们无法从茶的分类中去认识世界的各种茶，因为大家不是依着分类学上的约束从事生产的，因此我们在上一节提出了“看茶识茶”的做法。况且各类型的茶还会依市场的流行走向起变化，小的变化是在同一类型上改变，大的变化有可能跑到不同的类别去了。但是制茶的原理与类型总是有限的，只要能掌握这些采制上的变化，我们就可以认识到因此造就出来的各种成品茶。

三、茶叶欣赏的自由创作空间

我们识茶，如果仅就它们的发酵、焙火、茶青、品种等方面来探究，则未免太理性了。这种“理性”的解读对熟知茶之制作的人，会同时带动他的各种感官上的反应，但对于一般消费者，可能就无法立即产生感知。所以“识茶”的另一方向是“感性”的，它越过了科技上的用语与理解，直接以已知事物为桥梁而进入茶之欣赏领域。

当我们喝到绿茶，如龙井、碧螺春、煎茶、抹茶等，就像身处一片绿油油的田野，田里种满了秧苗，是极富生命力的景象（图7.3a）。当我们喝到轻发酵的包种清茶，就像身处一片草

7.3a　这是喝了绿茶的感觉

原般，感觉年轻、活泼、有朝气（图7.3b）。当我们喝到中发酵的铁观音、冻顶乌龙时，就像身处巨木高耸的森林中，这些树林已是顶天立地，能担当重责大任（图7.3c）。当我们喝到白

7.3b 这是喝了包种清茶的感觉

7.3c 这是喝了铁观音、冻顶乌龙茶的感觉

毫乌龙，就像处在一片玫瑰花海之中，感受到高度的芬芳与艳丽（图7.3d）。当我们喝到红茶，就像处在一片秋天的枫树林之中，这时的景象不像玫瑰花园的香艳，但充满了母爱的光辉（图7.3e）。当我们喝到普洱茶，就像走进了深山古刹，那是幽深

7.3d 这是喝了白毫乌龙的感觉

的、富年代感的（图7.3f）……

以上这些茶的感性世界是在各类茶的总体比较之下产生的，不同的人在不同的情境之下可能有不同的体会，而且在各个大

7.3e 这是喝了红茶的感觉

7.3f 这是喝了普洱茶的感觉

景象之下还可以产生各种局部的场景。其目的只是在引导人们体会茶的多种不同风味。这种引导方式只是为人们的识茶搭座桥梁，当人们懂得如何进入茶的国度之后，我们就不必再操心他所看到的是什么景物了。这个茶的国度还可以是太空中的一部分，充满了抽象的光、声与景，那就任茶人们自由去漫步了。有人说，我们来喝喝那棵千年老茶树的滋味；有人说，我们来比较老丛大红袍与新生代大红袍的差异……

第八章
茶“商品标示”的方式

一、“规格茶”的做法

二、“标示茶”的做法

茶企代表着规模较大的茶叶公司，它必须掌握好公司各款“茶叶商品”的常年品质稳定度，消费者只要认清楚买的是哪一款品项的茶叶，就不必担心口味不一样、品质不一致。这里为什么要强调是公司的“茶叶商品”呢？因为只有最后包装成可以上架销售的茶叶，我们才能这样要求它，在最后包装成有这家公司名称、商品名称之前，这家公司可能还有许多待处理、待拼配的“原料茶”，这些“原料茶”是不能要求它们具有一定茶叶商品属性的。

相对于茶企，个人从事茶叶买卖者就代表着较小规模或较有个性的商业组织，它可以从事上述所说的那种规格茶的买卖，但是它更有特色的买卖是标示茶。当它发现某个地方有一批很有特色的茶，就将其买下，视需要再经过一些加工处理，然后包装成适于销售的商品，重要的是标示好这款茶的特征，如产地、海拔、采制年份、季节、品种、发酵程度、焙火程度、加工情形等，也可以注明这批商品茶的总数量，这批茶卖完就不再有了。有些消费者特别喜欢单一品种茶、单一山头茶，甚至是某位制茶师傅的作品、某位焙茶师傅的风味，这样的标示茶就能满足他们的需要。

老茶也是适于标示茶的行销方式，哪一年采制、哪一年封存，以及前面所说的那些发酵焙火程度、加工情形，都标识清楚。这样的老茶可以是在封存时就已经是二十年的老茶，也可以是初步处理后才两年的新品，但一切都为存放、陈化成老茶而做了准备，如枝叶已分离、已干燥了几次（不是焙火，只能说是复火）、使用了耐久存的包装材料、特殊的封口要求等。

标示茶的选料、储存是相当费力的，如果品项再多，更是管理不易，而且客户对象又复杂，所以大规模的茶叶公司宁可从事规格茶的买卖。以个人为经营主体的商业组织，只要负责人对某几类茶叶特别熟悉，而且又勤于在各茶区间走动，只要他拥有一定的客户群，一批标识茶很快就可以被该种茶的粉丝群买走，不至于每款茶都剩下一些。但是对进货以后的“出货前”处理还是要有能力为之，因为有特色的原料茶并不一定是品质已经稳定的茶。

在规格茶的运作上，不能以每批茶的品质与特色来定价，只能先定了价，再从原料茶中拼配出那种价格的商品茶，否则经销商（含零售商）很难从事库存管理与行销（因为价位等同于商品名称）。而标示茶的运作却是以每批茶的品质与特色加以定价。标示茶在每批茶形成之初，可以从事小范围的拼配，免得太过零碎，但是不可以打散原有的标识内容而进行新一批标示茶的诞生，否则又走到规格茶的道路去了。这样的标示茶无法取得消费者的信任，就如同规格茶的经营者，没有能力进行选料与拼配，只是进什么价的货，加上毛利率的换算就成了销售的价格，那消费者就会喝到该公司同一商品编号，但每次不一样品质与风味的茶。

一、“规格茶”的做法

现在谈的是“商品茶”，商品茶的名称是厂商为商品在市场上行销的需要而定的名称，它不见得能表示该项商品的茶叶种类与特质。如命名为“益寿茶”，如果没有进一步注明它是“绿茶”“乌龙茶”“红茶”还是“普洱茶”，消费者无从知道他买的是什么样的茶。对初接触到茶的人来说，让他知道这茶是绿茶还是红茶，是乌龙茶还是普洱茶，或许就可以满足他的需要了。等到他初步理解了茶，发现绿茶还有许多不同特质的种类，乌龙茶、红茶、普洱茶也都是如此时，他就希望在“益寿茶”的名称下，如果是属于绿茶，还能进一步注明是“银针绿茶”“原形绿茶”“松卷绿茶”“剑片绿茶”“圆珠绿茶”“黄色绿茶”还是“粉状绿茶”；如果属于“乌龙茶”，还能进一步注明是“白茶乌龙”“条形乌龙”“球型乌龙”“熟火乌龙”还是“白毫乌龙”；如果是属于“红茶”，还能进一步注明是“条形红茶”还是“碎型红茶”；如果是属于“普洱茶”，还能进一步注明是“渥堆普洱”还是“存放普洱”。

消费者当然还需要知道该项商品的等级与价格。

有人认为上述两阶段的名称标示，依然无法让一般消费者对茶有完整的认知，因为他根本不知道何谓“银针绿茶”“球型乌龙”“条形红茶”“存放普洱”……，所以应该从“该茶是如何制成的”说起，如标示出它的“发酵程度”“揉捻程度”“焙火程度”“茶青采摘类型”，甚至于标示出“采制年份与季节”“熏花与掺和状况”“渥堆与存放情形”等。“发酵程度”可以用%标示，或是以汤色表示之。“揉捻程度”可以用“轻”“中”“重”表示，或辅以“球型”“条型”“碎型”来说明。“焙火程度”可以用“无”“轻”“中”“重”或%来表示。“茶青采摘类型”可以用“芽型”“叶型”来表示，也可以进一步标示到“纯芽心”“一心一叶”“一心二叶”“一心三叶”“对口二叶”“对口三叶”……。“采制年份与季节”则标明为“1980春”“2008冬”……。“熏花与掺和状况”则标如“熏茉莉花”“掺薄荷叶”……。“渥堆与存放情形”则以“渥堆”“存放”表示之。

以上这些商品标示所造成的“商品种类”，加上“价格的标示”，就构成了该厂商的商品结构。这是以该厂商为基础的所谓“规格茶”做法，尚未牵涉到品种、产地、年份与季节的问题。

二、“标示茶”的做法

商品茶的标示如果在“分类名称”与“制作方法”的标示之外，还要考虑到品种、产地、年份与季节的标示，那就从上述的“规格茶”做法进入到本节所要说的“标示茶”做法了。

标示茶是特别强调成品茶在品种、产地、年份与季节上造成的特性，并分别加以包装与标示。品种上要求单一品种、产地上要求同一山头、同一海拔与同一产区，年份上要求同一年度，季节上要求同一季节，如春茶就是春茶、夏茶就是夏茶、冬茶就是冬茶。这些项目在“规格茶”上是不特意区分的。规格茶在同一品质特征的要求下，或是在质量互补的要求下，是可以在品种、产地、年份与季节的不同上从事“拼配”的。拼配过的产品，只要厂商可以掌握每项拼配后产品特质与价位的稳定，消费者就认定该厂商的某项“规格茶”为自己采购的对象。

然而在“标示茶”上，除了厂商赋予该项商品的“质量信用”与“标示信用”外，尚将大部分的品赏项目寄托在品种、产地、年份与季节上。

所以标示茶在密封的包装上除了规格茶所需的标示外还要清楚标示该茶的“品种名称”“产地名称”(包括产地名称、山头名称与海拔高度)、“采制年份与季节”。这其中“采制年份”的标示还包含着一层意义，就是该茶“陈放的时间”。如果采制年份标示的比出厂年份要早，表示该茶是陈放一段时间后才包装卖出的，计算这批茶的存放年份时要从采制年份算起。追求“老茶”的茶人把这点看得很重要。若是规格茶的做法，没有采制年份与季节的标示，只有出厂年份的标示（一般“包装食品”都被要求必须具备这项标示），那“采制”到“出厂”的时间就不得而知了。这项时间上的标示还关系到成品茶的“后熟”处理，经后熟处理的茶，可以在“采制年份与季节”的标示与“出厂时间”的标示上看得出来。

跋：从写实到抽象的茶汤时代

蔡荣章先生于1977年进入茶界服务，20世纪80年代以专栏方式在《中国时报》及《茶艺月刊》等报刊发表有关茶的文章，当时一开始即以“茶叶认识”及“如何泡茶”为立足基础而铺开茶道思想研究工作，期间提出“浓淡生熟之间——谈茶味的一些用语”（1990年）、“紧结与卷曲之间——谈茶叶外形的一些用语”（1990年）、“制茶三把火之间——谈杀青、干燥与焙火”（1990年）、“如何训练品茶的客观性”（1995年）、“善泡茶者，必尊重茶的个性”（1996年）等课题，在当时都是鲜少听人提及的。不过如今这些文章皆成了《茶道入门——识茶篇》这一本书的重要营养，意味着蔡先生所提出的独特观点不过时且被大众接受。对茶学知识带来革新之意义，影响着茶文化生态的推进，是此书很特别的地方。

蔡先生的《茶道入门——识茶篇》用了非常写实的视角来展开对茶的观察和讲述，他按照事情原本的样子加上亲历的感受及理解来剖析茶，但他不只是从物象的正前方来说，还前后左右、上下、“直立”地“倒立”地说，有别于其他教条化与格式化的注释，因而能捕捉到“茶画面”更多的细微变化，比如说到茶的外貌，茶叶外形与茶叶条索的一些用语要厘清，外形是成品茶的茶身形状，条索是成品茶茶身的紧结度，条索的松紧视乎揉捻方式的轻重。从成品茶的外形能知道揉捻的方式：银针状（只轻轻翻拌，几乎没有施以压力进行揉捻）、原片状（是不发酵或重萎凋轻发酵，尽可能少加揉捻）、松卷状（以划弧形手势挥锅轻揉，但条索并未压实）、剑片状（以直线形来回滑动的方式进行揉捻，施以较重的压力让其成形）、针状（以直线形来回滚动的方式进行揉捻，叶细胞的揉破率增加很多）、条状（以划大圆形状手势，施以轻重不等的压力揉捻，有中揉捻及重揉捻程度的茶）、球状（施以初揉再加以精揉，有轻、中揉效果，还有一种叫包布团揉的重揉捻）、碎角状（碎红茶在重萎凋、全发酵、重揉捻的情况下，于揉捻同时将茶青切碎）、块状（将揉捻成的初制茶蒸压成紧压茶，虽说揉捻的轻重视乎初制时的揉捻而定，但经压制过程，揉捻效果会增加一级）。从条索的紧结度（即叶片褶皱的紧密度，从叶底来看更清楚）可知道茶叶的叶细胞被揉破程度的高低，条索越紧密，表示揉捻程度越重，被揉破的比例越高，成分溶解得较快，香味的频率较低沉，条索越松散则相反。

《识茶篇》就是在这种严密的理性的科学原理与逻辑层层包裹中，不自觉地流露出蔡先生对茶的激情与忘我的爱：为何我们需要一眼就将茶叶看个透彻呢，这样才能理解掌握茶的风格以及质量啊。顺着既有脉理进行分析，我们才能找出正确的方法来冲泡茶，才会进一步研究何种水温及何种泡茶器质地最适合冲泡某一种风味的茶，而我们从“茶道”获取的艺术、美感与思想正是通过这“茶汤”得来的。那么，尊重茶的个性，不只是要探知茶的不同个性，而且还要以那样的心情欣赏、接纳与享用它，不能因喝到不熟悉的茶就粗暴地说“我不喜欢”来否决，这是我们要步入“茶汤王国”的绝对途径。如此，训练官能（即嗅觉、味觉、视觉与触觉）鉴定能力，增进判断茶汤的客观性、毫无偏见的能力，加强识茶的专业能力，培养“抽象思维”的感知能力，就是我们最迫切最必然要做的事了。能力要达到巅峰状态，不仅仅是技术问题，还包括对身体的自律锻炼，比如：身心状况保持平稳明朗，感官的感受较能集中；对饮食采取开明态度，不可养成偏食习惯，才不至于排斥某一些茶；若属先天性对寒性饮食敏感，应常摄取暖性食物，调整自己体质，以免对一些较寒性的茶产生不公平的判断；什么茶都要喝，都喜欢喝，这就是真爱茶。如果喝起茶来，就像医师看到病人，一味地想找出它的毛病，或是法官在庭上看当事人，一直思考着如何论断他的功过，这是谈不上“爱”的。当我们的身体经过所有理性与感性的历练，身体的各种感官获得信息（即具体的知识如萎凋、发酵等做法如何影响茶的外形与色泽及茶汤的色香味，可触摸可观赏可品饮可嗅闻），留下来的就是

“经验”。有一天当我们将身体感知中所获得的经验，用图像、语言、文字、符号来进行描述或总结或分类（即建立抽象概念与价值观，比如：当喝到白毫乌龙就像处在一片花海中，芬芳艳丽似恋爱中的女子；喝到红茶像处在一片秋天枫树林，充满了母爱之光辉；喝到普洱像走进了深山古刹，似一位幽静安然的长者等），就上升到“茶道艺术”“茶道美学”“茶道思想”了。

“识茶”的长远理想是要“茶道”表达它的美与艺术，透过我们看到摸到的茶叶，喝到闻到的茶汤，组合、转换成另一种事物形态或艺术图像，它代表一个新世界、一种新境界。懂得茶汤的人，喝得懂的人，对茶叶对香味的察觉会越来越敏锐，进一步对生活也会较细腻，对所处的土地与物、物与人也会更谨慎，透过对种茶、制茶、泡茶及喝茶科学原理的建立，从中获得体验，无数次的汲取经验后将之整理、组合，终于变得较有灵性，较有领悟美的能力，然后将这些美组合成一个艺术性的意境，让自己陶醉其间。我认为这就是《茶道入门——识茶篇》一书能给予当下这个茶文化复兴时代的觉醒、革新与智慧。

許玉蓮

2022年3月9日于马来西亚许玉莲茶道院